新手学
Windows 10

Microsoft®

龙马高新教育◎编著

(快) 900张图解轻松入门　**学会**
(好) 70个视频扫码解惑　**完美**

U0298679

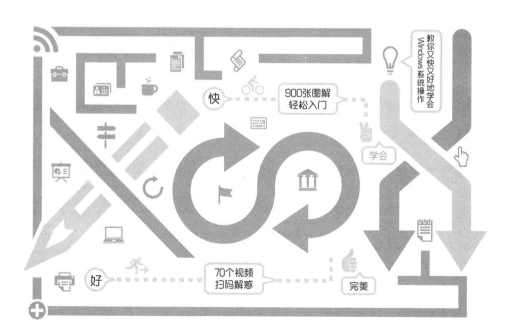

教你又快又好地学会
Windows系统操作

快　900张图解 轻松入门

学会

好　70个视频 扫码解惑　完美

北京大学出版社
PEKING UNIVERSITY PRESS

内 容 提 要

本书通过精选案例引导读者深入学习，系统地介绍 Windows 10 操作系统的相关知识和应用技巧。

全书共 12 章。第 1~3 章主要介绍 Windows 10 的基础知识，包括认识与安装 Windows 10、Windows 10 入门基础及 Windows 10 操作系统基本操作；第 4~6 章主要介绍电脑使用的基础，包括拼音和五笔打字速成、管理电脑中的文件资源及软件的安装与管理等；第 7~10 章主要介绍网络的运用，包括网络的连接与管理、网上生活与购物、多媒体的休闲娱乐及网上交流与收发邮件等；第 11~12 章主要介绍电脑系统的优化与安全维护及电脑系统的备份与还原等。

本书不仅适合电脑的初、中级用户学习使用，也可以作为各类院校相关专业学生和电脑培训班学员的教材或辅导用书。

图书在版编目(CIP)数据

新手学 Windows 10 / 龙马高新教育编著. — 北京 :北京大学出版社，2017.10
ISBN 978-7-301-28662-3

Ⅰ. ①新… Ⅱ. ①龙… Ⅲ. ①Windows操作系统 Ⅳ. ①TP316.7

中国版本图书馆CIP数据核字(2017)第203090号

书　　　名	**新手学 Windows 10**	
	XINSHOU XUE WINDOWS 10	
著作责任者	龙马高新教育　编著	
责 任 编 辑	尹 毅	
标 准 书 号	ISBN 978-7-301-28662-3	
出 版 发 行	北京大学出版社	
地　　　址	北京市海淀区成府路 205 号　　100871	
网　　　址	http://www.pup.cn　　新浪微博 : @ 北京大学出版社	
电 子 信 箱	pup7@ pup.cn	
电　　　话	邮购部 62752015　发行部 62750672　编辑部 62580653	
印 刷 者	北京大学印刷厂	
经 销 者	新华书店	
	787 毫米 ×1092 毫米　16 开本　16 印张　317 千字	
	2017 年 10 月第 1 版　2017 年 10 月第 1 次印刷	
印　　　数	1—3000 册	
定　　　价	32.00 元	

·前言·

　　如今，电脑已成为人们日常工作、学习和生活中必不可少的工具之一，不仅大大地提高了工作效率，而且为人们生活带来了极大的便利。本书从实用的角度出发，结合实际应用案例，模拟真实的办公环境，介绍电脑的使用方法与技巧，旨在帮助读者全面、系统地掌握电脑的应用。

读者定位

本书系统详细地讲解了 Windows 10 的相关知识和应用技巧，适合有以下需求的读者学习。

※ 对 Windows 10 一无所知，或者在某方面略懂、想学习其他方面的知识。

※ 想快速掌握电脑的某方面应用技能，例如打字、网上娱乐、办公……

※ 在 Windows 10 使用的过程中，遇到了难题不知如何解决。

※ 想找本书自学，在以后工作和学习过程中方便查阅知识或技巧。

※ 觉得看书学习太枯燥、学不会，希望通过视频课程进行学习。

※ 没有大量时间学习，想通过手机进行学习。

※ 担心看书自学效率不高，希望有同学、老师、专家指点迷津。

本书特色

➡ 简单易学，快速上手

本书以丰富的教学和出版经验为底蕴，学习结构切合初学者的学习特点和习惯，模拟真实的工作学习环境，帮助读者快速学习和掌握。

➡ 图文并茂，一步一图

本书图文对应，整齐美观，所有讲解的每一步操作，均配有对应的插图和注释，以便读

者阅读，提高学习效率。

➥ 痛点解析，清除疑惑

本书每章最后整理了学习中常见的疑难杂症，并提供了高效的解决办法，旨在解决在工作和学习中问题的同时，巩固和提高学习效果。

➥ 大神支招，高效实用

本书每章提供一定质量的实用技巧，满足读者的阅读需求，帮助读者积累实际应用中的妙招，扩展思路。

◎ 配套资源

为了方便读者学习，本书配备了多种学习方式，供读者选择。

➥ 配套素材和超值资源

本书配送了 10 小时高清同步教学视频、通过互联网获取学习资源和解题方法、办公类手机 APP 索引、办公类网络资源索引、Office 十大实战应用技巧、200 个 Office 常用技巧汇总、1000 个 Office 常用模板、Excel 函数查询手册等超值资源。

（1）下载地址。

扫描下方二维码或在浏览器中输入下载链接：http://v.51pcbook.cn/download/28662.html，即可下载本书配套光盘。

提示：如果下载链接失效，请加入"办公之家"群（218192911），联系管理员获取最新下载链接。

（2）使用方法。

下载配套资源到电脑端，单击相应的文件夹可查看对应的资源。读者在操作时可随时取用。

➥ 扫描二维码观看同步视频

使用微信、QQ 及浏览器中的"扫一扫"功能，扫描每节中对应的二维码，即可观看相应的同步教学视频。

➥ 手机版同步视频

读者可以扫描下方二维码下载龙马高新教育手机 APP，直接安装到手机中，随时随地问同学、问专家，尽享海量资源。同时，我们也会不定期向读者手机中推送学习中的常见难点、使用技巧、行业应用等精彩内容，让学习变得更加简单高效。

💡 更多支持

本书为了更好地服务读者，专门设置了 QQ 群为读者答疑解惑，读者在阅读和学习本书过程中可以把遇到的疑难问题整理出来，在"办公之家"群里探讨学习。另外，群文件中还

会不定期上传一些办公小技巧，帮助读者更方便、快捷地操作办公软件。

作者团队

本书由龙马高新教育编著，其中，孔长征任主编，左琨、赵源源任副主编，参与本书编写、资料整理、多媒体开发及程序调试的人员有孔万里、周奎奎、张任、张田田、尚梦娟、李彩红、尹宗都、王果、陈小杰、左琨、邓艳丽、崔姝怡、侯蕾、左花苹、刘锦源、普宁、王常吉、师鸣若、钟宏伟、陈川、刘子威、徐永俊、朱涛和张允等。

在编写过程中，我们竭尽所能地为读者呈现最好、最全的实用功能，但仍难免有疏漏和不妥之处，敬请广大读者不吝指正。若在学习过程中产生疑问，或有任何建议，可以与我们联系交流。

投稿信箱：pup7@pup.cn

读者信箱：2751801073@qq.com

读者交流 QQ 群：218192911（办公之家）

·目录·

Contents

第 1 章 **认识与安装 Windows 10** 1

第 2 章 **Windows 10 入门基础** 19

第4章 拼音和五笔打字速成 63

第5章 管理电脑中的文件资源 91

第6章 软件的安装与管理 111

第7章 网络的连接与管理 133

第8章 网上生活与购物 151

第 9 章 多媒体的休闲娱乐 177

第 1 章

认识与安装 Windows 10

>>> 安装 Windows 10 很难吗，如何才能正确安装系统？

>>> 如何在保留电脑文件和应用的情况下，升级 Windows 10 操作系统？

>>> 为什么系统盘中会有个删不掉的 "Windows.old" 顽固派？

本章就来告诉你 Windows 10 的安装秘诀！

1.1 Windows 10 操作系统新特性

Windows 10 操作系统结合了 Windows 7 和 Windows 8 操作系统的优点，更符合用户的操作体验，下面就来简单介绍 Windows 10 操作系统的新增功能。

1. 重新使用【开始】按钮

Windows 10 重新使用了【开始】按钮，但采用全新的【开始】菜单，在菜单右侧增加了 Modern 风格的区域，改进的传统风格与新的现代风格有机地结合在一起，既照顾了 Windows 7 等老用户的使用习惯，同时又考虑到了 Windows 8、Windows 8.1 等新用户的习惯，下图所示即为 Windows 10 的开始屏幕。

2. 个人智能助理——Cortana（小娜）

在 Windows 10 中，增加了个人智能助理——Cortana（小娜）。它能够了解用户的喜好和习惯，帮助用户进行日程安排、回答问题、查找文件、与用户聊天、推送资讯等，记录用户的行为和使用习惯，实现人机交互。

3. 新的上网方式——Microsoft Edge

Windows 10 提供了一种新的上网方式——Microsoft Edge，它是一款新推出的 Windows 浏览器，用户可以更方便地浏览网页、阅读、分享、做笔记等，而且可以在地址栏中输入搜索内容，快速搜索浏览。

4. 私人云存储——OneDrive

在 Windows 10 操作系统中提供了 OneDrive 存储模式，用户使用 Microsoft 账户注册 OneDrive 后就可以获得免费存储空间。它的功能主要有相册自动备份、在线创建、编辑和共享文档或者分享指定的文件、照片或整个文件夹等。

5. 任务视图

Windows 10 新增了任务视图功能，单击任务栏中的【任务视图】按钮 ▢ 可以在打开的多个任务视图之间切换。

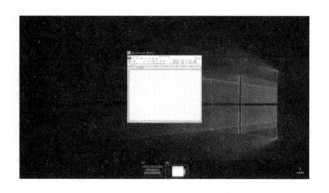

6. 桌面贴靠辅助

贴靠功能可以合理地分配电脑屏幕，如让窗口分别占据屏幕左右两侧的区域，或者使其自动拓展并填充 1/4 的屏幕空间。在贴靠一个窗口时，屏幕的剩余空间还会显示其他开启应用的缩略图，单击缩略图可快速切换。

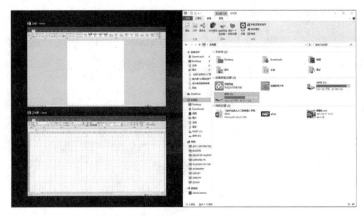

此外，Windows 10 操作系统中还新增了通知中心、平板模式、设置界面、手机助手等多种新功能，可以带给用户更好的操作体验。

1.2 Windows 10 的版本及配置要求

Windows 10 是微软公司继 Windows 8 之后的新一代操作系统，与其他版本的操作系统相比，具有很多新特性和优点，并且完美支持平板电脑。本节主要介绍 Windows 10 操作系统各版本及配置要求等。

1.2.1 Windows 10 操作系统的版本

每一代 Windows 操作系统都会针对不同的市场、用户群体，根据功能特性，划分出多个系统版本，Windows 10 也不例外。Windows 10 共划分为 7 个版本，如下表所示。

版本	主要特性	适合对象
Windows 10 家庭版（Home）	面向消费者和个人 PC 用户的电脑系统版本	个人或家庭电脑用户
Windows 10 专业版（Pro）	面向个人电脑用户，相比家庭版要好些，还面向平板电脑、笔记本、PC/ 平板二合一等桌面设备	个人或企业用户
Windows 10 企业版（Enterprise）	主要是在专业版基础上增加了专门给大中型企业的需求开发的高级功能	企业用户
Windows 10 教育版（Education）	主要基于企业版进行开发，专门为满足教育机构使用的需求	学校教职工、管理人员、教师和学生等
Windows 10 移动版（Mobile）	主要面向小尺寸的触摸设备，主要针对智能手机、小屏平板电脑等移动设备	普通消费者
Windows 10 企业移动版 (Mobile Enterprise)	主要面向使用智能手机和小尺寸平板电脑的企业用户，提供最佳的操作体验	企业用户
Windows 10 物联网核心版（loT Core）	面向物联网设备推出了超轻量级 Windows 10 操作系统，如智能家居和智能设备，为用户提供一款易用的应用程序，以控制所有联网的硬件设备	普通消费者

从上表可以看出，对于一般 PC 用户，Windows 10 专业版是首选，其次是 Windows 10 家庭版。

1.2.2 Windows 10 的版本选择

Windows 10 操作系统包含 32 位（x86）和 64 位（x64）两个版本，两个版本有所不同，那么应该如何选择呢？下面简单介绍操作系统 32 位和 64 位的区别。

1. 32 位和 64 位的区别

x86 代表 32 位操作系统，x64 代表 64 位操作系统，它们之间的区别如下。

（1）设计的初衷不同。

64 位操作系统是为高科技人员使用本行业特殊软件准备的运行平台，如进行机械设计和分析、三维动画、视频编辑和创作，以及科学计算和高性能计算应用程序等领域，这些需要大量内存和浮点性能的客户需求。而 32 位操作系统是为普通用户设计使用的。

（2）要求配置不同。

64 位操作系统只能安装在 64 位电脑上 (CPU 必须是 64 位的)。同时需要安装 64 位常用软件以发挥 64 位（x64）的最佳性能。32 位操作系统则可以安装在 32 位 (32 位 CPU) 或 64 位 (64 位 CPU) 电脑上。

（3）运算速度不同。

64 位系统的运算速度理论上是 32 位系统的两倍。

（4）寻址能力不同。

Windows 10 x64 支持多达 128 GB 的内存和多达 16 TB 的虚拟内存，而 32 位 CPU 和操作系统最大只可支持 4GB 内存。

2. 到底是选择 32 位还是 64 位

了解了 32 位和 64 位的区别，用户在安装 Windows 10 操作系统时可以从以下两点考虑选择 32 位和 64 位操作系统。

（1）工作或学习需求。

如果从事机械设计和分析、三维动画、视频编辑和创作，或者新版本软件仅支持 64 位，就需要选择 64 位系统。而仅仅是为了简单地学习及娱乐，就可以选择 32 位系统。

（2）兼容性及内存。

32 位系统普及性好，有大量的软件支持，兼容性也较强，如果无特殊要求，并且配置较低的电脑，建议选择 32 位系统。但目前市面上的处理器基本都是 64 位处理器，完全可以满足安装 64 位操作系统的要求，而 32 位最大只支持 4GB 的内存，如果电脑安装的是 4GB、

8GB 的内存，为了最大化利用资源，建议选择 64 位系统。

用户可以从以上两点考虑，来选择适合的操作系统。不过，随着硬件与软件的快速发展，64 位将是未来的主流。

1.2.3 硬件配置要求

为了拥有更多的用户量，微软兼顾了高、中、低档电脑配置的用户，确保大部分电脑能够运行 Windows 10 操作系统，对系统配置要求并不高，只要能够安装 Windows 7 和 Windows 8 操作系统的电脑都能够安装 Windows 10，硬件配置要求具体如下。

处理器	1GHz 或更快的处理器或 SoC
内存	1GB（32 位）或 2GB（64 位）
硬盘空间	16GB（32 位操作系统）或 20GB（64 位操作系统）
显卡	DirectX 9 或更高版本（包含 WDDM 1.0 驱动程序）
显示器	800×600 分辨率

1.3 全新安装 Windows 10 操作系统

如果电脑中没有 Windows 10 操作系统，用户可以采用以下方法对电脑进行系统安装。

1.3.1 设置电脑的第一启动

在安装操作系统之前首先需要设置 BIOS，将电脑的启动顺序设置为光驱启动或 U 盘启动。

提示：

　　不同的电脑主板，其 BIOS 启动快捷键是不同的，如常见的有【Esc】【F2】【F8】【F9】和【F12】等，具体可以参见主板说明书或上网查找对应主板的启动快捷键。

1 在启动电脑时按【Delete】键，进入 BIOS 设置界面。选择【System Information】（系统信息）选项。

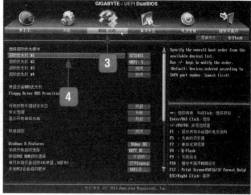

2 在弹出的【System Language】列表中选择【简体中文】选项。

3 面板语言则变成中文，选择【BIOS 功能】选项卡。

4 在下面的功能列表中单击【启动优先权 #1】后面的按钮。

> **提示：**
>
> 在弹出的【启动优先权 #1】对话框的列表中选择要优先启动的介质，如果是 DVD 光盘则设置 DVD 光驱为第一启动；如果是 U 盘，则设置 U 盘为第一启动。

5 设置完毕后，按【F10】键，弹出【储存并离开 BIOS 设定】对话框，单击【是】按钮完成 BIOS 的设置。

1.3.2 打开安装程序

设置启动项之后，就可以放入安装光盘或插入 U 盘来打开安装程序。

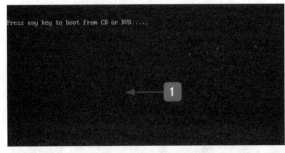 

1️⃣ Windows 10 操作系统的安装光盘放入光驱中，重新启动电脑，出现"Press any key to boot from CD or DVD..."提示后，按任意键开始从光盘启动安装。

2️⃣ Windows 10 安装程序加载完毕后，将进入如图所示的界面，用户无须任何操作。

提示：
> 如果是 U 盘安装介质，将 U 盘插入电脑 USB 接口，并设置 U 盘为第一启动后，电脑屏幕中出现"Start booting from USB device..."提示，并自动加载安装程序。

3️⃣ 弹出【Windows 安装程序】窗口，保持默认设置，单击【下一步】按钮。

4️⃣ 单击【现在安装】按钮。

5️⃣ 输入购买 Windows 系统时微软公司提供的密钥，由 5 组 5 位阿拉伯数字和英文字母组成。

6️⃣ 单击【下一步】按钮。

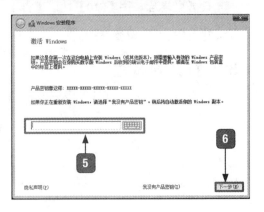

> **提示：**
>
> 密钥一般在产品包装背面或者电子邮件中。

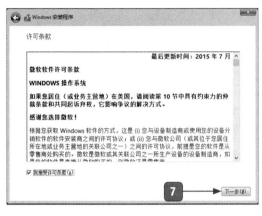 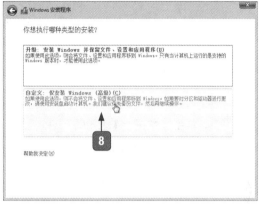

7 单击【下一步】按钮。

8 选择【自定义：仅安装 Windows（高级）】选项。

1.3.3　为磁盘进行分区

在选择安装位置时，可以将磁盘进行分区并格式化处理，最后选择常用的系统盘 C 盘。

 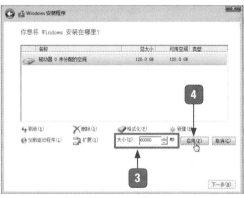

1 选择要安装的磁盘。

2 单击【新建】链接。

3 在【大小】数值框中输入"60000"分区参数。

4 单击【应用】按钮。

提示:

1GB=1024MB,上图中"60000"MB约为58.6GB。对于 Windows 10 操作系统,建议系统盘容量在 50~80GB 最为合适。

5 单击【确定】按钮。

6 创建其他分区。

7 单击【下一步】按钮。

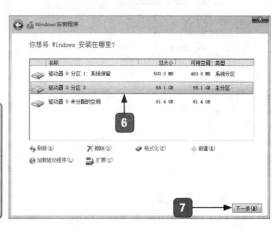

提示:

打开【Windows 安装程序】提示框,提示用户若要确保 Windows 的所有功能都能正常使用,Windows 就需要为系统文件创建额外的分区。

1.3.4 系统安装设置

设置完成后,就可以开始进行系统的安装和系统设置。

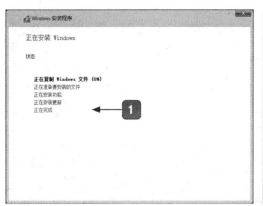
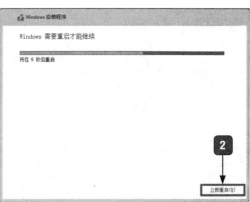

1 打开【正在安装 Windows】界面,并开始复制和展开 Windows 文件,此步骤为系统自动进行,用户需要等待其复制、安装和更新完成。

2 安装更新完毕后,弹出如图所示的界面,单击【立即重启】按钮或等待其自动重启电脑。

③ 电脑重启后，系统会自动安装设置，等待即可。

④ 在【快速上手】界面单击【使用快速设置】按钮。

⑤ 此时，系统则会自动获取关键更新，用户无须任何操作。

⑥ 选择【我拥有它】选项。

⑦ 单击【下一步】按钮。

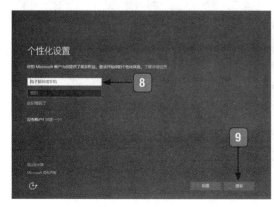

⑧ 填写微软账号和密码。

⑨ 单击【登录】按钮。

10 设置完毕后，即可进入桌面，提示用户是否启用网络发现协议，单击【是】按钮。此时系统已安装完毕。

> **提示：**
>
> 如无微软账号，若暂时不想注册，可选择【跳过此步骤】选项。

1.4 在当前系统下安装 Windows 10

如果当前电脑操作系统是 Windows 7 或 Windows 8.1，又希望保留系统中的应用资料，可以采用以下方法进行安装。

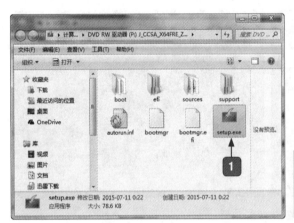

1 打开包含 Windows 10 安装包的文件夹或光盘，双击【setup.exe】图标。

2 弹出加载对话框，加载 Windows 10 安装程序。

3 选中【下载并安装更新（推荐）】单选按钮。

4 单击【下一步】按钮。

5 输入 25 位产品密钥。

6 单击【下一步】按钮。

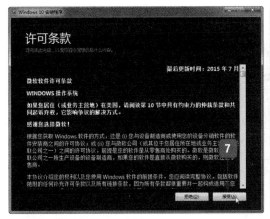

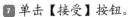

7 单击【接受】按钮。

8 单击【安装】按钮即可根据提示安装。

提示：

后面的操作步骤和 1.3.4 小节中的操作相同，在此不一一赘述了。

痛点解析

痛点 1：为什么系统盘中有个 "Windows.old" 文件夹

小白： 崩溃！新安装的 Windows 10 操作系统，系统盘中有个【Windows.old】文件夹，它有什么作用呢？

多出的【Windows.old】文件夹

大神： Windows.old 是保留旧系统的文件，如果新系统有问题，就可以提取它里面的文件来替换整个系统或单个文件。

小白： 这样啊，那它占了大量的系统盘空间，我不需要它，可为什么怎么也删除不了呢？

大神： Windows.old 是不能够直接删除的，需要使用磁盘工具进行清除。

1 打开【此电脑】窗口，右击系统盘。

2 在弹出的快捷菜单中选择【属性】命令。

3 单击【磁盘清理】按钮。

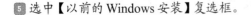

4 单击【清理系统文件】按钮。

6 单击【确定】按钮即可进行清理。

5 选中【以前的 Windows 安装】复选框。

痛点2：如何在32位下安装64位操作系统

如果当前系统为32位系统，但是想在电脑上安装64位系统，使用常规的方法将会提示无法安装，这时，可以使用 NT6 HDD Installer 硬盘安装器在32位系统下安装64位的系统，具体操作步骤如下。

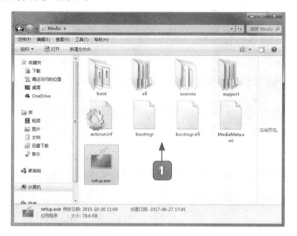

1 将 Windows 10 光盘中的所有文件复制到非系统盘的根目录下。

提示：

如果是 ISO 镜像文件，可以使用虚拟光驱软件复制安装文件，或者将其直接解压到非系统盘根目录中。

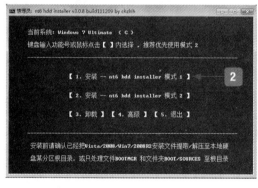

2 下载并运行 NT6 HDD Installer 软件，在弹出的窗口中选择第一个选项。

3 程序自动安装，安装完成后选择【2.重启】选项。

4 电脑会自动重启，在开机过程中使用方向键选择【nt6 hdd installer mode 1】选项，即可进入 Windows 10 安装界面，此时即可进行系统安装。

提示：
具体安装步骤和 1.3 节的安装方法一致，这里不再赘述。

 大神支招

问：手机办公时，如果出现文档打不开或者打开后显示乱码，要如何处理？

使用手机办公打开文档时，可能会出现文件无法打开或者文档打开后显示乱码，这时可以根据要打开的文档类型选择合适的应用程序打开文档。

1. Word/Excel/PPT 打不开怎么办

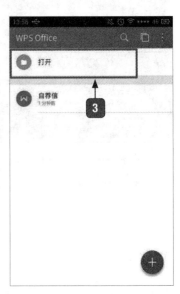

① 下载并安装 WPS Office，点击【打开】
按钮。

② 点击【使用 WPS Office】按钮。

③ 点击【打开】按钮。

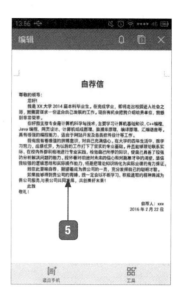

④ 选择要打开的文档。

⑤ 即可正常打开 Word 文档。

2. 文档显示乱码怎么办

查看 TXT 格式的文档时，可以
下载安装 Anyview 阅读器

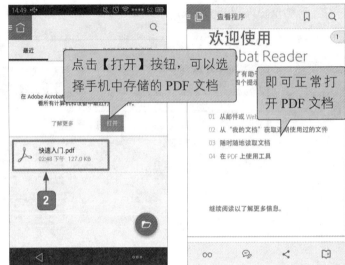

点击【打开】按钮，可以选择手机中存储的 PDF 文档

即可正常打开 PDF 文档

1 PDF 格式的文档可以下载安装 Adobe Acrobat，点击【打开】按钮。

2 选择要打开的 PDF 文档。

3. 压缩文件打不开怎么办

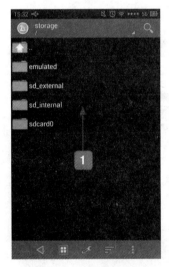

1 下载、安装并打开 ZArchiver 应用。 3 点击【解压】按钮。

2 选择要解压的压缩文件。 4 即可完成解压，显示所有内容。

第 2 章

Windows 10 入门基础

>>> 初次接触电脑，电脑的分类和组成都不清楚！

>>> 还以为关机就是关闭电源，你就大错特错了！

>>> 小小的鼠标和键盘不就是单击和按吗，当然不是！

本章就来告诉你学电脑的基础知识！

2.1 个人电脑的分类

随着电脑的快速发展与应用，电脑也有了更多分类，如台式电脑、笔记本电脑、一体机电脑、平板电脑、智能手机及智能电脑设备等。

2.1.1 台式电脑

台式电脑又称桌面计算机，最常见的电脑为台式电脑。台式电脑的优点是耐用和价格实惠，同时它的散热性较好，配件若损坏更换价格相对便宜；台式电脑的缺点是笨重、耗电量大。一般放在电脑桌或专门的工作台上，适用于比较稳定的场合，如公司和家庭等。

目前，台式电脑主要分为分体式台式电脑和一体式台式电脑，其主要区别是显示屏与主机。分体式台式电脑为最传统的电脑机型，显示屏与主机分离；而一体式台式电脑，简称一体机，显示屏和主机集成在一起，由于设计时尚、体积小，受到了不少用户的青睐。

1 分体式台式电脑　　　　　　　　2 一体式台式电脑

2.1.2 笔记本电脑

笔记本电脑与台式电脑相比，笔记本电脑有着类似的结构组成（显示器、键盘、鼠标、CPU、内存和硬盘），但笔记本电脑的优势还是非常明显的，其主要优点有体积小、重量轻、携带方便。一般来说，便携性是笔记本电脑相对于台式电脑的最大优势，一般的笔记本电脑的重量只有 2kg 左右，无论是外出工作还是旅游，都可以随身携带，非常方便。

超轻超薄是目前笔记本电脑的主要发展方向，但这并没有影响其性能的提高和功能的丰富。同时，笔记本电脑的便携性和备用电源使移动办公成为可能。由于这些优势的存在，笔记本电脑越来越受到用户推崇，市场容量迅速扩大。

笔记本电脑

智能手机

2.1.3　平板电脑

平板电脑也称为便携式电脑，是一种小型、方便携带的个人电脑，以触摸屏作为基本的输入设备。它拥有的触摸屏，允许用户通过触控笔或数字笔来进行作业而不是传统的键盘或鼠标。用户可以通过内建的手写识别、屏幕上的软键盘、语音识别或者键盘实现输入。

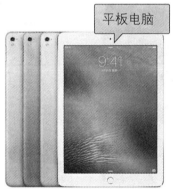
平板电脑

2.1.4　智能手机

智能手机是指像个人电脑一样，具有独立的操作系统、独立的运行空间，可以由用户自行安装软件、游戏、导航等第三方服务商提供的程序，并可以通过移动通信网络来实现无线网络接入手机类型的总称。

2.1.5　智能电脑设备

如今，电脑已广泛应用在各个领域，并融入了传统家电、家居、穿戴等设备中，使其不仅有美观的外部设计，还具有独立的计算能力及专有的应用程序和功能。如用户可以戴智能手表，测心率和运动情况；使电灯可以自动打开或关闭、调整颜色；使电视可以连接网络，观看各种网络视频；使用 VR 眼镜感受逼真的虚拟现实等，大大提高了人们生活的便捷性与舒适性。

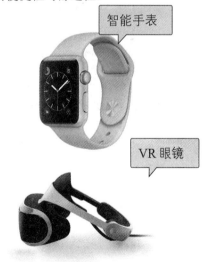
智能手表

VR 眼镜

2.2　电脑的组成

电脑按照组成部分来讲，主要由硬件和软件组成，硬件是电脑的外在载体，

类似于人的躯体，而软件是电脑的灵魂，类似于人的思想，电脑在工作时，二者是协同工作、缺一不可的。

2.2.1 电脑的硬件

通常情况下，一台电脑由 CPU、内存、主板、显卡、硬盘、电源和显示器等硬件组成。另外，用户也可以根据实际工作需求，添加电脑外置硬件，如打印机、扫描仪、摄像头等。下图给出了一台电脑所需的硬件。

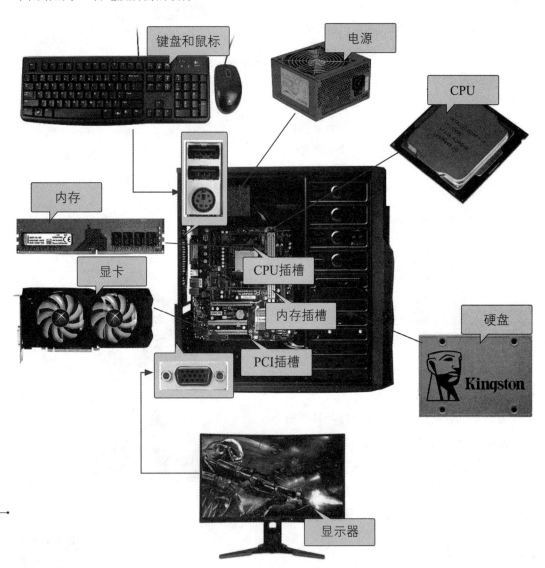

2.2.2 电脑的软件

软件是计算机系统的重要组成部分，通常情况下，电脑的软件系统可以分操作系统、驱动程序和应用软件三大类。使用不同的计算机软件，计算机可以完成许多不同的工作，使计算机具有非凡的灵活性和通用性。

1. 操作系统

操作系统是管理和控制计算机硬件与软件资源的计算机程序，是直接运行在"裸机"上的最基本的系统软件，任何其他软件都必须在操作系统的支持下才能运行。如电脑中 Windows 7、Windows 10 及手机中的 iOS 和 Android，都是操作系统，右图所示即为 Windows 10 操作系统桌面。

2. 驱动程序

驱动程序的英文为"Device Driver"，全称为"设备驱动程序"，是一种可以使计算机和设备通信的特殊程序，相当于硬件的接口。操作系统只有通过驱动程序，才能控制硬件设备的工作，如新电脑中常常遇到没有声音的情况，安装某个程序后，即可正常播放，而该程序就是驱动程序。因此，驱动程序被誉为"硬件的灵魂""硬件的主宰"和"硬件和系统之间的桥梁"等，下图所示即为电脑网络适配器的驱动程序信息界面。

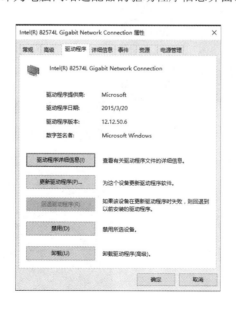

3. 应用软件

应用软件通常是指除系统程序以外的所有程序，是用户利用电脑及其提供的系统程序为解决各种实际问题而编写的应用程序，如聊天工具 QQ、360 安全卫士、Office 办公软件等，右图所示为 QQ 应用软件登录界面。

2.3 正确开机和关机

要使用电脑进行办公，首先应该学会的就是打开和关闭电脑，作为初学者，首先需要了解的是打开电脑的顺序，以及在不同的情况下采用的打开方式，其次需要了解的是如何关闭电脑，以及在不同的情况下关闭电脑的方式。

2.3.1 正确开机

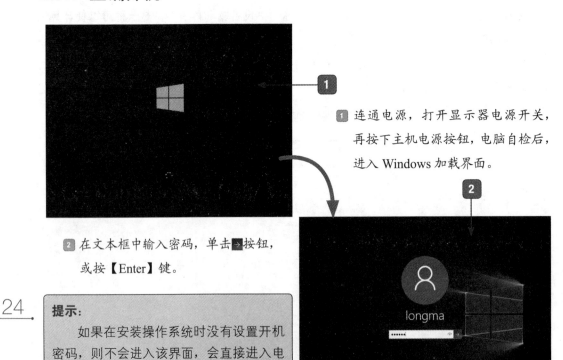

1 连通电源，打开显示器电源开关，再按下主机电源按钮，电脑自检后，进入 Windows 加载界面。

2 在文本框中输入密码，单击 按钮，或按【Enter】键。

提示：
如果在安装操作系统时没有设置开机密码，则不会进入该界面，会直接进入电脑桌面。

 正常启动电脑后,即可见
到 Windows 10 系统界面。

2.3.2 正确关机

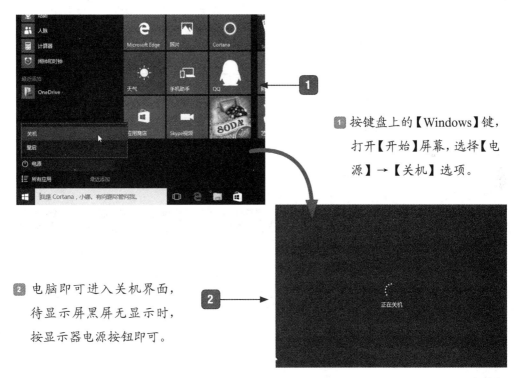

1 按键盘上的【Windows】键,
打开【开始】屏幕,选择【电
源】→【关机】选项。

2 电脑即可进入关机界面,
待显示屏黑屏无显示时,
按显示器电源按钮即可。

2.4 鼠标的正确操作

　　鼠标因外形如老鼠而得名,它是一种使用方便、灵活的输入设备,在操作
系统中,几乎所有的操作都是通过鼠标来完成的,下图所示即为鼠标的结构图。

1 鼠标右键。　　　　　　　　　3 鼠标滚轮。

2 鼠标左键。　　　　　　　　　4 鼠标电缆线。

鼠标各部分的作用如下表所示。

鼠标部件	作用
鼠标电缆线	根据鼠标的接口类型，连接主机的 PS/2 或 USB 接口上，用于连接主机
鼠标左键	按下鼠标左键，可执行定位、选择等操作
鼠标右键	按下鼠标右键，可以执行弹出菜单命令等操作
鼠标滚轮	在浏览网页或文件时，使用滚轮，可以向前或向后浏览

2.4.1　认识鼠标的指针

鼠标在电脑中的表现形式是鼠标的指针，鼠标指针形状通常是一个白色的箭头，但其并不是一成不变的，在进行不同的工作、系统处于不同的运行状态时，鼠标指针的外形可能会随之发生变化，如常见的手形，就是鼠标指针的一种表现形式。

下表列出了常见鼠标指针的表现形式及其代表的含义。

指针形状	表示状态	用途
↖	正常选择	Windows 的基本指针，用于选择命令或选项等
↖°	后台运行	表示计算机打开程序，正在加载中
○	忙碌状态	表示计算机打开的程序或操作未响应，需要用户等待
＋	精准选择	用于精准调整对象
I	文本选择	用于文字编辑区内指示编辑位置
⊘	禁用状态	表示当前状态及操作不可用
↕ 和 ↔	垂直或水平调整	鼠标指针移动到窗口边框线，会出现双向箭头，拖动鼠标，可上下或左右移动边框改变窗口大小
⤡ 和 ⤢	沿对角线调整	鼠标指针移动到窗口 4 个角时，会出现斜向双向箭头，拖动鼠标，可沿水平或垂直两个方向等比例放大或缩小窗口
✥	移动对象	用于移动选定的对象
🖑	链接选择	表示当前位置有超文本链接，单击即可进入

2.4.2 鼠标的正确握法

要用好鼠标，首先要握好鼠标。正确的鼠标握法是：食指和中指自然放在鼠标的左键和右键上，拇指靠在鼠标左侧，无名指和小指放在鼠标的右侧，拇指、无名指及小指轻轻握住鼠标，手掌心轻轻贴住鼠标后部，手腕自然垂放在桌面上，操作时带动鼠标做平面运动，用食指控制鼠标左键，中指控制鼠标右键，食指或中指控制鼠标滚轮的操作。正确的鼠标握法如下图所示。

鼠标的持握方法

2.4.3 鼠标的基本操作

鼠标的基本操作包括光标定位、单击、双击、拖曳和右击。

1. 光标定位

将鼠标指针移动到某处或某个对象上。在电脑屏幕上移动鼠标指针将其指向到目标对象，会显示提示信息。

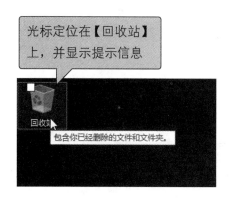

光标定位在【回收站】上，并显示提示信息

2. 单击（选中）

单击指的是按下鼠标左键立即放开的工作，一般用于选定某个操作对象。

单击【回收站】图标，选中该图标

3. 双击（打开 / 执行）

双击指的是快速地连续按鼠标左键两次，一般用于打开窗口，或者启动应用程序。双击时鼠标不可晃动，否则无法完成操作。

27

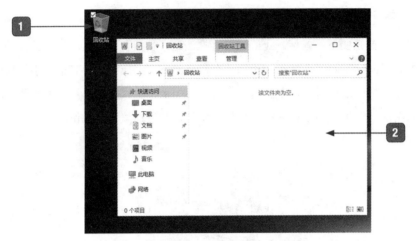

1 将鼠标指针移动到桌面的【回收站】 2 即可打开【回收站】窗口。
图标上并双击。

4. 拖曳（移动）

将鼠标光标定位到窗口、对话框或图标上，按住鼠标左键不放，然后用鼠标拖曳到屏幕上的一个新位置松开鼠标即可。

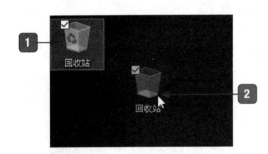

1 将鼠标指针移动到桌面上的【回收站】图标上，按住鼠标左键不放。

2 用鼠标拖动到屏幕上一个新位置松开鼠标即可。

5. 右击

当鼠标选中一个目标对象时，单击鼠标右键，即可弹出与其相关的快捷菜单，显示该对象可以执行的操作。

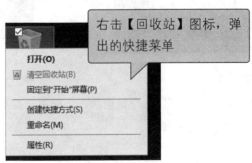

右击【回收站】图标，弹出的快捷菜单

2.5 键盘的正确操作

　　键盘是电脑操作中最常用的输入设备，通过键盘可以输入各种字符和数字，或下达一些控制命令，以实现人机交流。下面将介绍键盘的布局，以及打字的相关指法。

2.5.1 键盘的布局

　　键盘的键位分布大致都是相同的，目前大多数用户使用的键盘多为 107 键的标准键盘。根据键盘上各个键位作用的不同，键盘总体上可分为 5 个大区，分别为功能键区、主键盘区、编辑键区、状态指示区、辅助键区。

　　下表列出了键盘中各区的主要作用。

名称	主要用途
功能键区	位于键盘的上方，由【Esc】键、【F1】键～【F12】键及其他 3 个功能键组成。每一个键代表一个功能操作
主键盘区	位于键盘的左下部，是键盘的最大区域，用于输入指令或其他信息
编辑键区	位于键盘的中间部分，包括上、下、左、右 4 个方向键和几个控制键
状态指示区	位于键盘的右上角，从左到右依次为 Num Lock 指示灯、Caps Lock 指示灯、Scroll Lock 指示灯。它们与键盘上的【Num Lock】键、【Caps Lock】键及【Scroll Lock】键对应
辅助键区	位于键盘的右下部，相当于集中录入数据时的快捷键，因为其中的按键功能都可以用其他区中的按键代替

2.5.2 键盘的基本操作

　　键盘的基本操作包括按下和按住两种操作。

　　（1）按下。

　　按下并快速松开按键，如同使用遥控器一样。下图所示为按下【Windows】键，弹出开始屏幕。

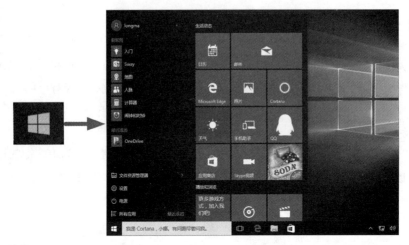

（2）按住。

按下按键不放。主要用于两个或两个以上的按键组合，称为组合键。按住【Windows】键不放，再按【L】键，即可进入 Windows 锁定界面。

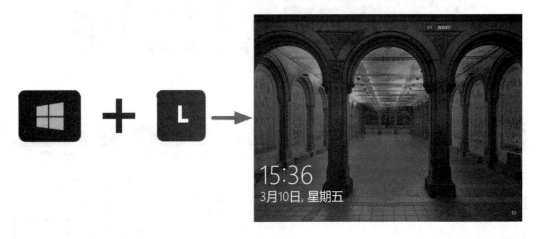

痛点解析

痛点 1：怎样解决鼠标双击变成单击的问题

小白：电脑使用得好好的，为什么双击变成单击了？

大神：这个是由于设置出现了问题，现在你不用双击，单击一下即可打开项目，如果使用习惯了，就可以提高电脑操作效率。

小白：但是我使用不习惯怎么办，如何改过来呢？

大神：按照下面的方法，即可快速调整过来。

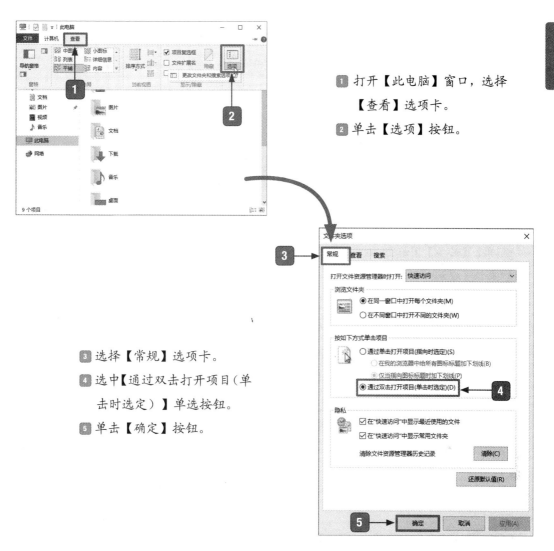

1 打开【此电脑】窗口，选择【查看】选项卡。

2 单击【选项】按钮。

3 选择【常规】选项卡。

4 选中【通过双击打开项目（单击时选定）】单选按钮。

5 单击【确定】按钮。

痛点 2：习惯左手使用鼠标怎么办

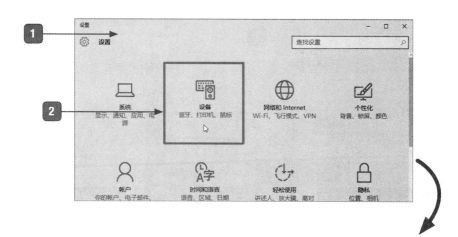

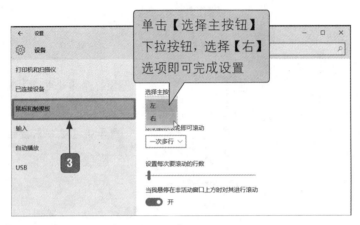

单击【选择主按钮】下拉按钮，选择【右】选项即可完成设置

1️⃣ 按【Windows+I】组合键，打开【设置】界面。

2️⃣ 单击【设备】图标。

3️⃣ 选择【鼠标和触摸板】选项。

大神支招

问：如何管理日常工作、生活中的任务，并且根据任务划分优先级别？

　　Any.DO 是一款帮助用户在手机上进行日程管理的软件，支持任务添加、标记完成、优先级设定等基本服务，通过手势进行任务管理等服务，如通过拖放分配任务的优先级，通过滑动标记任务完成，通过抖动手机从屏幕上清除已完成任务等。此外，Any.DO 还支持用户与亲朋好友共同合作完成任务。用户新建合作任务时，该应用提供联系建议，对于那些非 Any.DO 的用户成员也支持电子邮件和短信的联系方式。

1. 添加新任务

1 下载并安装 Any.DO，进入主界面，点击【添加】按钮。

2 输入任务内容。

3 点击【自定义】按钮，设置日期和时间。

4 完成新任务添加。

2. 设定任务的优先级

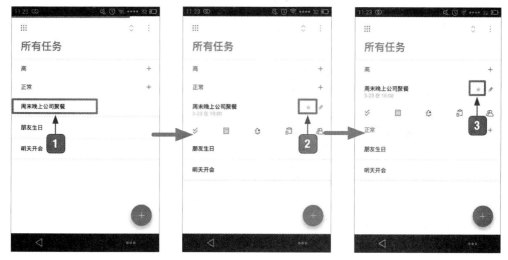

1 进入所有任务界面，选择要设定优先级的任务。

2 点击星形按钮。

3 按钮变为黄色，将任务优先级设定为"高"。

3. 清除已完成任务

1 已完成任务将会自动添加删除线，点击其后的【删除】按钮即可删除。

2 如果有多个要删除的任务，点击 ⋮ 按钮。

3 选择【清除已完成】选项。

4 点击【是】按钮。

5 已清除完成任务。

第3章

Windows 10 操作系统基本操作

>>> 打开的窗口太多了，快速切换当前窗口的方法你知道吗？

>>> 别人的"开始"屏幕整洁有序，怎么进行分类管理呢？

>>> 想不想拥有自己的 Microsoft 账户？

本章就来告诉你使用 Windows 10 操作系统的秘诀！

3.1 熟悉 Windows 10 的桌面

电脑启动后，屏幕上显示的画面就是桌面，Windows 10 将屏幕模拟成桌面，放置了不同的小图标，将程序都集中在【开始】屏幕中，如下图所示，即为 Windows 10 的桌面。

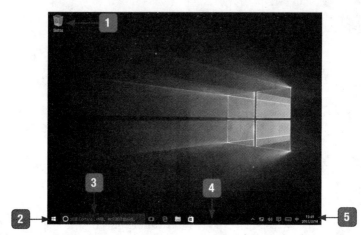

1⃝ 桌面图标。　　　　　　　　4⃝ 任务栏。

2⃝ 【开始】按钮。　　　　　　5⃝ 通知区域。

3⃝ 搜索框。

1. 桌面图标

桌面图标是各种文件、文件夹和应用程序等的桌面标志，图标下面的文字是该对象的名称，使用鼠标双击，可以打开该文件或应用程序。初装 Windows 10 系统，桌面上只有"回收站"一个桌面图标。

2. 任务栏

任务栏是一个长条形区域，一般位于桌面底部，是启动 Windows 10 操作系统下各程序的入口，当打开多个窗口时，任务栏会显示在最前面，方便用户进行切换操作。

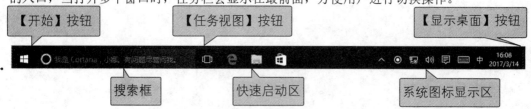

3.【开始】按钮

单击桌面左下角的【开始】按钮■或按键盘上的【Windows】徽标键，即可打开【开始】屏幕，左侧依次为用户账户头像、常用的应用程序列表及快捷选项，右侧为"开始"屏幕。

 1 单击【开始】按钮。

 2 即可显示【开始】屏幕。

4. 通知区域

通知区域一般位于任务栏的右侧。它包含一些程序图标，这些程序图标提供网络连接、声音等事项的状态和通知。安装新程序时，可以将此程序的图标添加到通知区域。

可以展开通知区域
查看隐藏图标

新的电脑在通知区域已有一些图标，而且某些程序在安装过程中会自动将图标添加到通知区域。用户可以更改出现在通知区域中的图标和通知，对于某些特殊图标（称为"系统图标"），还可以选择是否显示它们。

用户可以通过将图标拖动到所需的位置来更改图标在通知区域中的顺序以及隐藏图标的顺序。

5. 搜索框

在 Windows 10 操作系统中，搜索框和 Cortana 高度集成，在搜索框中可以直接输入关键词或打开【开始】屏幕输入关键词，即可搜索相关的桌面程序、网页、我的资料等。

 1 在搜索框中输入要搜索的关键词。

 2 自动检索相关内容，选择结果，即可打开相应的程序、网页和资料等。

3.2 窗口的基本操作

在 Windows 10 操作系统中，窗口主要用来区分每个应用程序的工作区域。当执行一件工作，双击图标，打开一个程序时，即可打开相应的窗口，因此，每一个窗口就代表一个正在处理的工作。

下图所示的是【此电脑】窗口，由快速访问工具栏、标题栏、搜索栏、控制按钮区、菜单栏、地址栏、导航窗格、内容窗口、视图按钮和状态栏等部分组成。

1	快速访问工具栏。	4	控制按钮区。	7	导航窗格。	10	状态栏。
2	标题栏。	5	菜单栏。	8	内容窗口。		
3	搜索栏。	6	地址栏。	9	视图按钮。		

3.2.1 打开和关闭窗口

在 Windows 10 操作系统中，只要执行程序就会打开相应的窗口。例如，执行【开始】屏幕中的命令，打开相应的窗口。

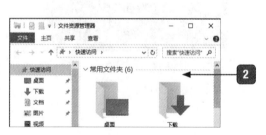

1 打开【开始】屏幕，选择【文件资源管理器】选项。

2 打开【文件资源管理器】窗口。

关闭窗口有多种方法，用户可以根据自己的使用习惯，选择一种方法。

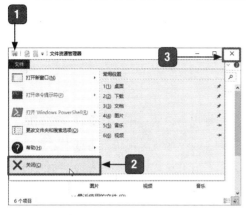

1 单击快速访问工具栏最左侧的窗口图标，在弹出的菜单中，执行【关闭】命令。

2 执行【文件】→【关闭】命令，可以关闭窗口。

3 单击【关闭】按钮，可以关闭窗口。

> **提示:**
>
> 另外，右击任务栏中要关闭的程序，在弹出的快捷菜单中执行【关闭】命令，或者按【Alt+F4】组合键也可以关闭窗口。

3.2.2 调整窗口大小

1. 最大化与最小化窗口

窗口右上方的【最大化】按钮□和【最小化】按钮－可以分别控制窗口的放大和缩小。

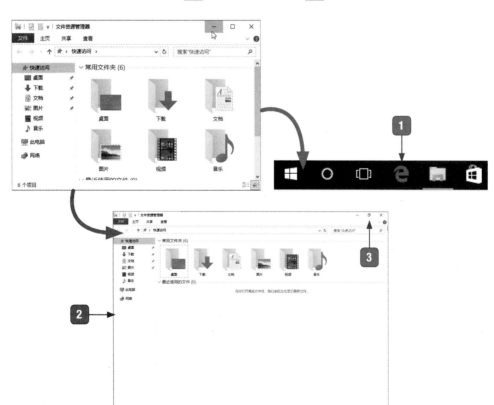

1 单击【最小化】按钮，窗口会缩小到任务栏上。

2 单击【最大化】按钮，窗口会占满整个电脑桌面。

3 窗口最大化后，【最大化】按钮 □ 会变成【还原】按钮 □，单击该按钮，即会还原到系统默认的窗口大小。

2. 调整窗口的大小

除了使用最大化和最小化按钮外，还可以使用鼠标拖曳窗口的边框，任意调整窗口的大小。用户将鼠标指针移动到窗口的边缘，鼠标指针变为 ↕ 或 ↔ 形状时，可上下或左右移动边框以纵向或横向改变窗口大小。指针移动到窗口的 4 个角时，鼠标指针变为 ↖ 或 ↗ 形状时，拖曳鼠标，可沿水平或垂直两个方向等比例放大或缩小窗口。

1 在窗口的 4 个角拖曳鼠标，可以同时调整窗口的宽和高。

2 调整到合适大小，松开鼠标即可。

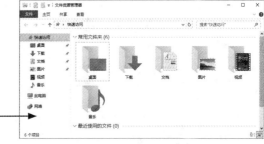

> **提示：**
> 当调整窗口大小时，如果将窗口调整得太小，以致没有足够空间显示窗格，窗格的内容就会自动"隐藏"起来，只需把窗口再调整大一点即可。

3. 滚动条

在调整窗口大小时，如果窗口缩得太小，而窗口中的内容超出了当前窗口显示的范围，则窗口右侧或底端会出现滚动条。如果窗口可以显示所有的内容，窗口中的滚动条则消失。

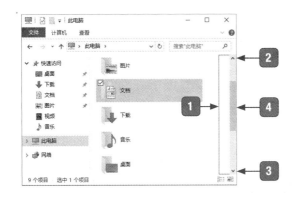

1 滚动条。

2 向上滚动按钮：单击一下，向上滚动一行。

3 向下滚动按钮：单击一下，向下滚动一行。

4 滑块：按住滑块拖曳，工作区中的内容也会跟着滚动。

提示：

当滑块很长时，表示当前窗口文件内容不多；当滑块很短时，则表示文件内容很多。

3.2.3 窗口的移动与排列

1. 窗口的移动

1 将鼠标指针移动到窗口的标题栏上。

2 直接拖曳到适当的位置松开鼠标即可完成窗口移动。

提示：

当窗口放到最大或缩到最小时，是无法移动窗口位置的。

2. 窗口的排列

当打开多个窗口之后，桌面不免显得杂乱无序，如果能够对其整齐排列，则利于操作。

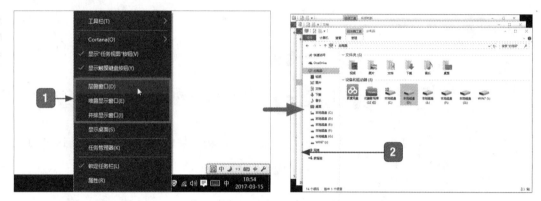

1 右击任务栏的空白处，在弹出的快捷菜单中选择排列方式。

2 选择【层叠窗口】命令，显示的排列状态。

3. 窗口贴边显示

在 Windows 10 系统中，如果需要同时处理两个窗口时，可以将屏幕贴边显示。

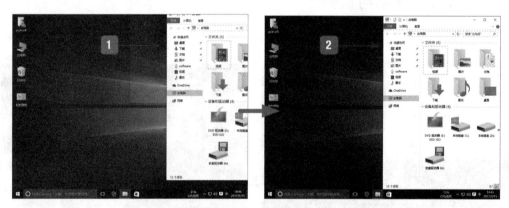

1 拖曳窗口的标题栏，到屏幕的左、右边缘或角落，窗口会出现气泡。

2 松开鼠标，窗口即会贴近屏幕边缘显示。

4. 快速显示桌面

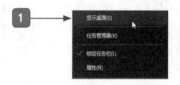
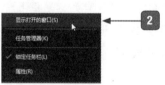

1 在任务栏的空白处右击，从弹出的快捷菜单中选择【显示桌面】命令，可将桌面上所有的窗口缩小到任务栏。

2 当显示桌面后，再次右击任务栏的空白处，在弹出的快捷菜单中选择【显示打开的窗口】命令，可将所有窗口恢复之前的状态。

另外，单击任务栏中通知区域右侧的显示桌面按钮，也可以快速显示桌面。

单击该按钮，
显示桌面

提示：

　　按【Windows+D】组合键，可快速显示桌面，当再次按【Windows+D】组合键，可恢复先前的窗口状态。

3.2.4　切换当前活动窗口

虽然在 Windows 10 操作系统中可以同时打开多个窗口，但是当前窗口只有一个。根据需要，用户需要在各个窗口之间进行切换操作。

1. 最常用的方法——用鼠标单击要切换的窗口

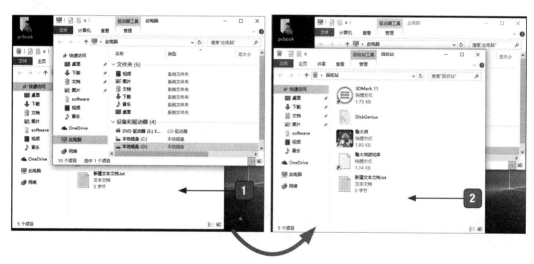

📗 使用鼠标单击窗口，可以切换工作窗口。

📗 被遮盖的窗口变成了工作窗口。

2. 最便捷的方法——【Alt+Tab】组合键

利用【Alt+Tab】组合键可以快速实现各个窗口的快速切换。弹出窗口缩略图图标，按住【Alt】键不放，然后按【Tab】键可以在不同的窗口之间进行切换，选择需要的窗口后，松开按键，即可打开相应的窗口。

按【Tab】键进行切换

提示：

　　按【Alt+Esc】组合键，也可在各个程序窗口之间依次切换，系统按照从左到右的顺序，依次进行选择，这种方法比较耗费时间。

3.3 【开始】屏幕的基本操作

在 Windows 10 操作系统中，【开始】屏幕（Start screen）取代了原来的【开始】菜单，实际使用起来，【开始】屏幕相对【开始】菜单具有很大的优势，因为【开始】屏幕照顾到了桌面和平板电脑用户。

3.3.1 认识【开始】屏幕

单击桌面左下角的【开始】按钮⊞，即可弹出【"开始"屏幕】工作界面。它主要由程序列表、用户名、【所有应用】按钮、【电源】按钮和动态磁贴面板等组成。

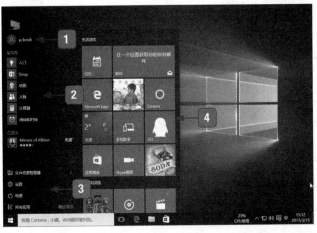

❶ 用户名：在用户名区域显示了当前登录系统的用户名，一般情况下用户名为"Administrator"，该用户名为系统的管理员用户名。

❷ 最常用程序列表：显示了开始菜单中的常用程序，通过选择不同的选项，可以快速地打开应用程序。

❸ 固定程序列表：在固定程序列表中包含了【所有应用】按钮、【电源】按钮、【设置】按钮和【文件资源管理器】按钮。

❹ 动态磁贴面板：Windows 10 的磁贴有图片、文字，还是动态的，应用程序需要更新时可以通过这些磁贴直接反映出来，而无须运行它们。

3.3.2 将应用程序固定到【开始】屏幕

在 Windows 10 操作系统中，用户可以将常用的应用程序或文档固定到【开始】屏幕中，以方便快速查找与打开。

1. 打开程序列表，选中需要固定到【开始】屏幕中的程序图标，然后右击该图标，在弹出的快捷菜单中选择【固定到"开始"屏幕】选项。

2. 随即将该程序固定到【开始】屏幕中。

提示：
如果想要将某个程序从【开始】屏幕中删除，可以先选择该程序图标，然后右击图标，在弹出的快捷菜单中选择【从"开始"屏幕取消固定】选项即可。

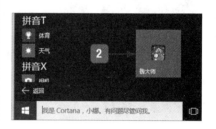

3.3.3 打开与关闭动态磁贴

动态磁贴功能可以说是 Windows 10 操作系统的一大亮点，只要将应用程序的动态磁贴功能开启，就可以及时了解应用的更新信息与最新动态。

45

1. 单击【开始】按钮▦，打开【开始】屏幕，右击面板中的应用程序图标，在弹出的快捷菜单中选择【更多】→【打开动态磁贴】选项即可。

2. 即可看到打开的图标磁贴，显示了文件夹中的图片。

3.3.4 管理【开始】屏幕的分类

在 Windows 10 操作系统中，用户可以对【开始】屏幕进行分类管理，方便操作。

1 选择【开始】屏幕中的应用程序图标，按住鼠标左键不放进行拖曳。

2 松开鼠标，完成拖曳。使用相同的方法，对同类程序进行归类。

3 移动鼠标指针至该模块的顶部，可以看到【命名组】信息提示，单击进行命名操作，如这里输入【游戏】。

4 输入完成后，按【Enter】键，即可完成分类及命名。

3.4 桌面管理

桌面是工作的场所，用户可以根据自己的使用习惯，对桌面进行管理和设置，以提高工作效率。

3.4.1 设置桌面背景

桌面背景可以是个人收集的数字图片、Windows 提供的图片、纯色或带有颜色框架的图片，也可以显示幻灯片图片。

1 在桌面的空白处右击，在弹
出的快捷菜单中选择【个性
化】命令。

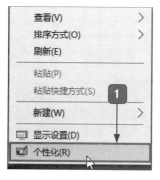

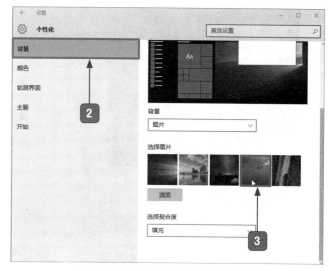

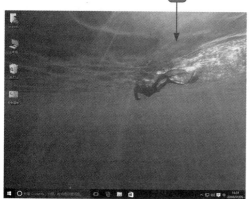

提示:
　　桌面背景主要包含图片、纯色和幻灯
片放映 3 种方式，用户可以根据需要进行
选择。

2 弹出【个性化】窗口，选择【背景】选项卡。

3 在其右侧区域即可设置桌面背景。用户可
在图片缩略图中，选择要设置的背景图片。

4 返回到桌面即可看到设置的桌面背景。

除了使用 Windows 10 提供的图片外，也可以使用自己喜欢的照片作为桌面背景。

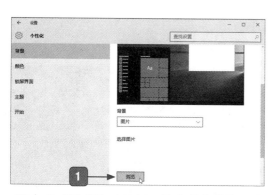

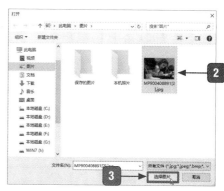

1 打开【设置】对话框，单击【背景】→【浏览】按钮。

2 弹出【打开】对话框，选择要设置的图片位置，并选择图片。

3 单击【选择图片】按钮。

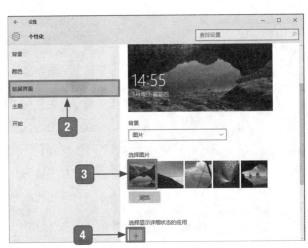

④ 返回到桌面即可看到设置
的桌面背景。

3.4.2 设置锁屏界面

用户可以根据自己的喜好,设置锁屏界面的背景、显示状态的应用等,具体操作步骤如下。

1 在桌面的空白处右击,在弹出的快捷
菜单中选择【个性化】命令。

2 选择【锁屏界面】选项卡。

3 用户可以将背景设置为喜欢的图片或
幻灯片。

4 单击按钮 + 。

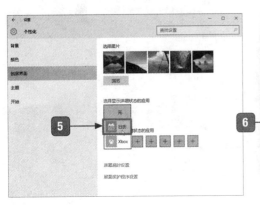

⑥ 可以添加显示详细状态和快速状态应
用的任意组合。

⑥ 按【Windows+L】组合键，即可进入
锁屏界面。

3.4.3 管理桌面图标

随着电脑的使用，安装的软件会越来越多，桌面上的图标也会随之增加，用户可以根据
使用电脑的习惯和喜好，对桌面的图标进行管理。

1. 设置桌面图标的查看方式

① 右击桌面空白处，在弹出的快捷菜单
中选择【查看】命令，在级联菜单中
显示了 3 种图标显示方式。

② 选择【大图标】命令，显示效果如图
所示。

2. 设置桌面图标的排序方式

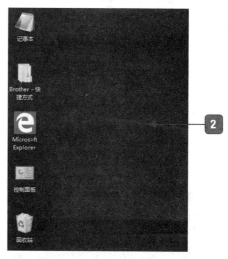

① 右击桌面空白处，在弹出的快捷菜单中选择【排序方式】命令，在级联菜单中显示了
4 种排序方式，选择【名称】命令。

② 返回到桌面，图标的排序方式将按【名称】进行排序。

49

3. 添加桌面快捷图标

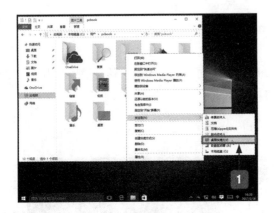

1️⃣ 右击需要添加的文件夹图标，在弹出的快捷菜单中选择【发送到】→【桌面快捷方式】命令。

2️⃣ 此文件夹图标就添加到桌面上了。

4. 删除桌面图标

1️⃣ 右击需要删除的图标，在弹出的快捷菜单中选择【删除】命令。

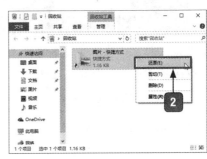

2️⃣ 即可将桌面图标删除，删除的图标被放在【回收站】中，用户可以将其还原。

5. 将桌面图标固定到任务栏中

1️⃣ 如果程序已经打开，在【任务栏】上选择程序并右击，从弹出的快捷菜单中选择【固定到任务栏】命令。

2️⃣ 任务栏中添加的程序图标。

3️⃣ 如果程序没有打开，选择【开始】→【所有应用】命令，在弹出的列表中选择需要添加的任务栏中的应用程序并右击，在弹出的快捷菜单中选择【更多】→【固定到任务栏】命令。

3.4.4 设置合适的屏幕分辨率

设置适当的分辨率，有助于提高屏幕上图像的清晰度。

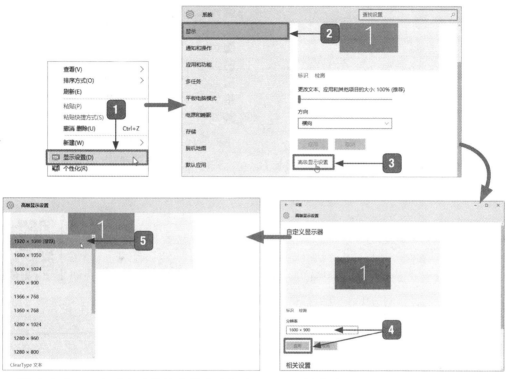

① 右击桌面，在弹出的快捷菜单中选择【显示设置】命令。

② 选择【显示】选项卡。

③ 单击【高级显示设置】超链接。

④ 弹出【高级显示设置】窗口，用户可以看到系统默认设置的分辨率。

⑤ 在【分辨率】列表中，可以选择合适的分辨率，然后单击【应用】按钮完成设置。

3.4.5 设置通知区域显示的图标

在任务栏上显示的图标用户可以根据自己的需要进行显示或隐藏操作。

① 右击桌面，在弹出的快捷菜
单中选择【显示设置】命令。

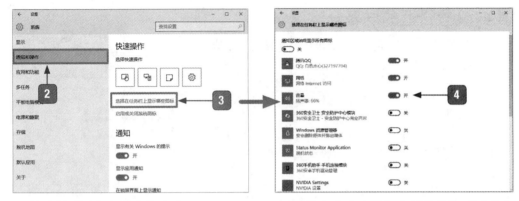

2 选择【通知和操作】选项。

3 单击【选择在任务栏上显示哪些图标】
超链接。

4 单击要显示图标右侧的【开/关】按钮，
即可将该图标显示/隐藏在通知区域。

3.5 Microsoft 账户的设置与应用

Microsoft 账户是用于登录 Windows 的电子邮件地址和密码，本节介绍 Microsoft 账户的设置与应用。

3.5.1 认识 Microsoft 账户

在 Windows 10 中集成了很多 Microsoft 服务，都需要使用 Microsoft 账户才能使用。

使用 Microsoft 账户可以登录并使用任何 Microsoft 应用程序和服务，如 Outlook.com、Hotmail、Office 365、OneDrive、Skype、Xbox 等，而且登录 Microsoft 账户后，还可以在多个 Windows 10 设备上同步设置和内容。

用户使用 Microsoft 账户登录本地计算机后，部分 Modern 应用启动时默认使用 Microsoft 账户，如 Windows 应用商店，使用 Microsoft 账户才能购买并下载 Modern 应用程序。

3.5.2 注册并登录 Microsoft 账户

要想使用 Microsoft 账户管理此设备，首先需要做的就是在此设备上注册和登录 Microsoft 账户。

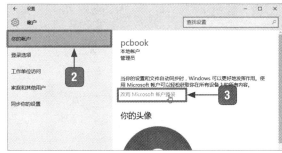

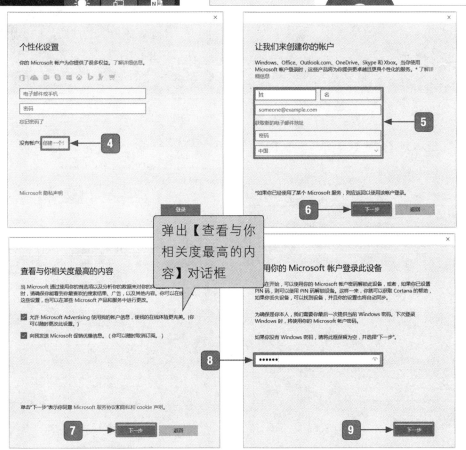

弹出【查看与你相关度最高的内容】对话框

1️⃣ 按【Windows】键，弹出【开始】菜单，单击本地账户头像，在弹出的菜单中选择【更改账户设置】命令。

2️⃣ 选择【你的账户】选项卡。

3️⃣ 单击【改用 Microsoft 账户登录】超链接。

4️⃣ 单击【创建一个！】超链接。

5️⃣ 在信息文本框中输入相应的信息。

6️⃣ 单击【下一步】按钮。

7️⃣ 单击【下一步】按钮。

8️⃣ 输入密码。

9️⃣ 单击【下一步】按钮。

53

10 单击【跳过此步骤】超链接。

提示:
　　用户可以选择是否设置 PIN 码。如需设置，单击【设置 PIN】按钮，如不设置则单击【跳过此步骤】超链接。设置 PIN 码会在 3.5.5 小节详细讲述，这里不再赘述。

11 返回到【账户】界面，单击【验证】超链接。

提示:
　　微软为了确保用户账户使用安全，需要对注册的邮箱或手机号进行验证。

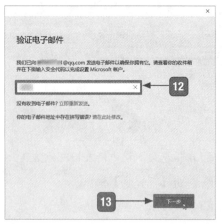

12 输入收到的 4 位数安全代码。

13 单击【下一步】按钮。

14 返回到【账户】界面，即可看到【验证】超链接已消失，完成设置。

3.5.3 设置账户头像

不管是本地账户还是 Microsoft 账户，对于账户的头像，用户都可以自行设置，而且操作方法一样。

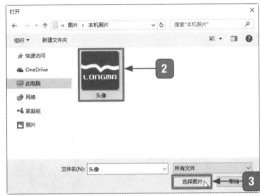

[1] 打开账户设置界面，单击【浏览】按钮。

[2] 选择要设置为头像的图片。

[3] 单击【选择图片】按钮。

[4] 返回到【账户】界面，即可看到更改的头像。

[5] 在登录界面显示的新头像。

3.5.4 更改账户密码

用户对账户的密码定期进行更改，可以确保账户的安全。

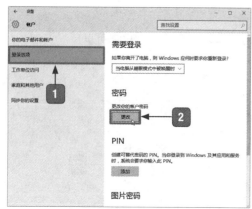

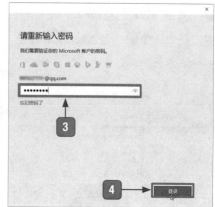

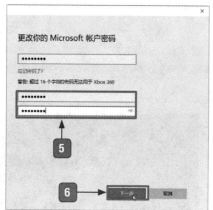

1 打开账户设置界面，选择【登录选项】选项卡。

2 单击【更改】按钮。

3 在文本框中输入当前密码。

4 单击【登录】按钮。

5 在文本框中分别输入当前密码和新密码。

6 单击【下一步】按钮。

7 提示更改密码成功后，单击【完成】按钮。

3.5.5 设置 PIN 码

PIN 码是为了方便移动、手持设备登录设备、验证身份的一种密码措施，设置 PIN 码之后，在登录系统时，只要输入设置的数字字符，不需要按【Enter】键或单击鼠标，即可快速登录系统，也可以访问 Microsoft 服务的应用。用户在注册或登录 Microsoft 账户时，即被提示设置 PIN 码，如果并未设置的用户，可参照下面的步骤进行设置。

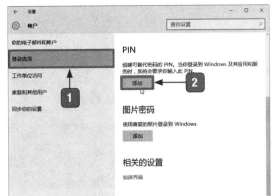

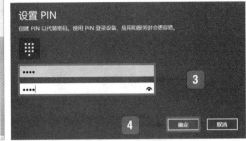

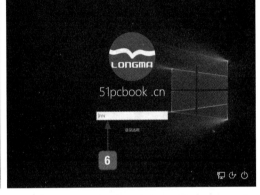

1 打开账户设置界面，选择【登录选项】
选项卡。

2 单击【添加】按钮。

3 在文本框中输入数字字符，至少4位
的数字字符，不可为字母。

4 单击【确定】按钮。

5 返回到【登录选项】界面，即可看到
【PIN】区域下，【添加】按钮变为【更
改】和【删除】按钮，表示添加完成。

6 设置PIN码后，输入设置的PIN码，
无须按【Enter】键，则自动进入系统。

3.5.6 设置图片密码

图片密码是一种帮助用户保护触屏电脑的全新方法，要想使用图片密码，用户需要选择
图片并在图片上画出各种手势，以此来创建独一无二的图片密码。

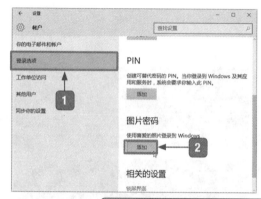

如果第一次使用图片密码，系统
会在界面左侧介绍如何创建手势，
右侧为创建手势的演示动画

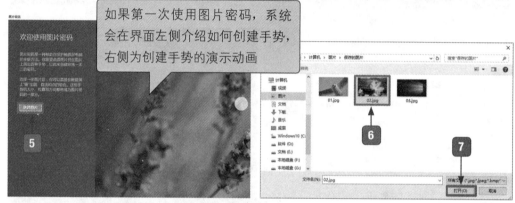

1 打开账户设置界面，选择【登录选项】
选项卡。

2 单击【添加】按钮。

3 输入当前账户密码。

4 单击【确定】按钮。

5 单击【选择图片】按钮。

6 选择要设置的图片。

7 单击【打开】按钮。

8 单击【使用此图片】按钮。

9 用户可以依次绘制 3 个手势，手势可
以使用圆、直线和点等，界面左侧的
3 个数字显示创建至第几个手势，完
成后这 3 个手势将成为图片的密码。

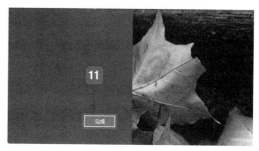

⑩ 进入【确认你的手势】界面，重新绘制手势进行验证。

⑪ 提示成功后，单击【完成】按钮，完成设置。

痛点解析

痛点1：电脑中的系统图标都"藏"哪儿了

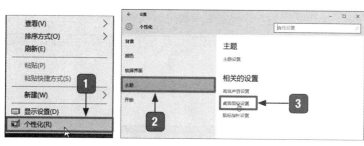

① 在桌面的空白处右击，在弹出的快捷菜单中选择【个性化】命令。

② 选择【主题】选项卡。

③ 单击【桌面图标设置】超链接。

④ 选中要显示的桌面图标复选框。

⑤ 单击【确定】按钮。

⑥ 返回到桌面，可以看到添加的系统图标。

痛点 2：如何让桌面字体变大

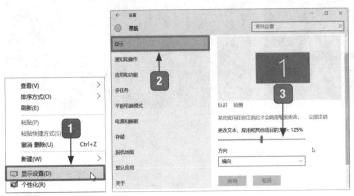

1 右击桌面空白处，在弹出的快捷菜单中选择【显示设置】命令。

2 选择【显示】选项卡。

3 拖曳滑块，调整显示百分比，更改桌面字体的大小。

问：怎样才能随时随地轻松搞定重要事情的记录，并且还不会被遗忘？

这个其实很简单，只需要在手机中安装一款名称为"印象笔记"的应用就行了，印象笔记是一款多功能笔记类应用，不仅可以将平时工作和生活中的想法和知识记录在笔记内，还可以将需要按时完成的工作事项记录在笔记内，并设置事项的定时或者预定位置提醒。同时，笔记内容可以通过账户在多个设备之间进行同步，无论图片还是文字，都能做到随时随地记录一切！

1. 创建新笔记并设置提醒

可以根据需要选择其他笔记类型

1 下载并安装"印象笔记"，点击【点击创建新笔记】按钮。

2 选择【文字笔记】选项。

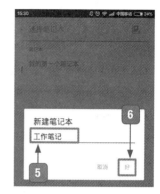

③ 点击 ▦ 按钮。

④ 点击【新建笔记本】按钮。

⑤ 输入笔记本名称。

⑥ 点击【好】按钮。

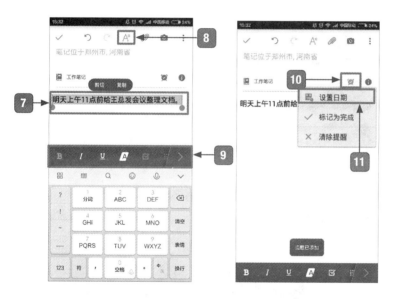

⑦ 输入笔记内容，并选择文本。

⑧ 点击 ▣ 按钮。

⑨ 设置文字样式。

⑩ 点击 ▣ 按钮。

⑪ 选择【设置日期】选项。

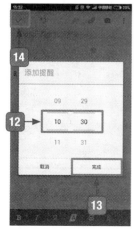

⑫ 设置提醒时间。

⑬ 点击【完成】按钮。

⑭ 点击 ▬ 按钮。

⑮ 创建新笔记后的效果。

61

2. 删除笔记本

1 点击【所有笔记】按钮。

2 选择【笔记本】选项。

3 长按要删除的笔记本名称。

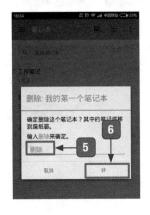

4 选择【删除】选项。

5 输入【删除】文本。

6 点击【好】按钮。

3. 搜索笔记

1 点击【搜索】按钮。

2 输入搜索内容。

3 显示搜索结果。

第4章

>>> 电脑中的默认输入法不熟练，如何添加和删除
新输入法呢？

>>> 别人用拼音输入法打字很快，想不想知道他们
是怎么做到的？

>>> 想不想掌握五笔输入的绝招呢？

本章就来告诉你拼音和五笔打字的秘诀！

拼音和五笔打字速成

4.1 输入法的管理

输入法是指为了将各种符号输入计算机或其他设备而采用的编码方法。汉字输入的编码方法基本上都是将音、形、义与特定的键相联系，再根据不同汉字进行组合来完成汉字的输入。

4.1.1 添加和删除输入法

安装输入法后，用户就可以将安装的输入法添加至输入法列表，不需要的输入法还可以将其删除。

1. 添加输入法

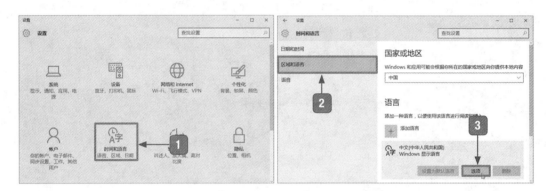

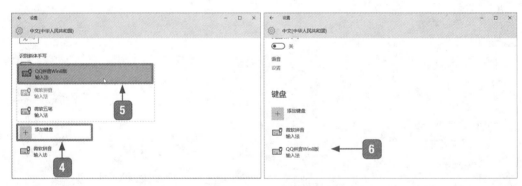

1 按【Windows+I】组合键，打开【设置】界面，单击【时间和语言】图标。

2 选择【区域和语言】选项卡。

3 单击【选项】按钮。

4 单击【添加键盘】图标。

5 在弹出的列表中选择要添加的输入法。

6 【键盘】区域下显示添加的输入法。

提示：
当安装新输入法时，新输入法会自动添加到电脑中，可以通过切换输入法选择使用。

2.删除输入法

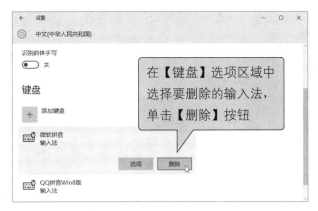

在【键盘】选项区域中选择要删除的输入法，单击【删除】按钮。

4.1.2 安装其他输入法

Windows 10 操作系统虽然自带了一些输入法，但不一定能满足用户的需求。用户可以安装和删除相关的输入法。安装输入法前，用户需要先从网上下载输入法程序。

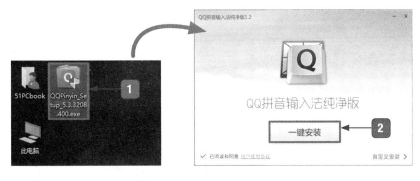

1 双击下载的输入法安装包。

2 单击【一键安装】按钮。

3 即可进入软件安装过程。

4 安装完成后，单击【完成】按钮。

4.1.3 切换当前输入法

如果安装了多个输入法，可以方便地在输入法之间切换，下面介绍切换输入法的操作。

❶ 单击状态栏中的输入法图标。

❷ 选择要切换的输入法。

❸ 显示切换的输入法。

> **提示：**
>
> 按【Windows+Space】组合键，即可快速切换输入法。

4.2 使用拼音输入法

拼音输入法是常见的一种输入方法，用户最初的输入形式基本都是从拼音开始的。拼音输入法是按照拼音规定来进行输入汉字的，不需要特殊记忆，符合人的思维习惯，只要会拼音就可以输入汉字。

4.2.1 全拼输入

全拼输入是输入要打的字的全拼中所有字母，如要输入"你好"，需要输入拼音"nihao"。在搜狗拼音输入法中开启全拼输入的具体操作步骤如下。

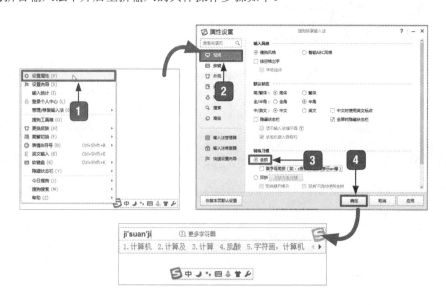

1 在搜狗拼音输入法状态条上右击，在弹出的快捷菜单中选择【设置属性】命令。

2 选择【常用】选项卡。

3 选中【全拼】单选按钮。

4 单击【确定】按钮。

4.2.2 简拼输入

首字母输入法，又称为简拼输入，只需要输入要打的字的全拼中第一个字母即可，如要输入"计算机"，则需要输入拼音"jsj"。

1 打开【属性设置】对话框，选择【常用】选项卡。

2 选中【首字母简拼】复选框。

3 选中【超级简拼】复选框。

4 单击【确定】按钮。

5 要输入"计算机"，在简拼模式下只需要在键盘中输入"jsj"即可。

4.2.3 双拼输入

双拼输入是建立在全拼输入基础上的一种改进输入，它通过将汉语拼音中每个含多个字母的声母或韵母各自映射到某个按键上，使每个音都可以用最多两次按键打出，这种对应表通常称为双拼方案，目前的流行拼音输入法都支持双拼输入，如下图所示为搜狗拼音输入法的双拼设置界面，单击【双拼方案设置】按钮，可以对双拼方案进行设置。

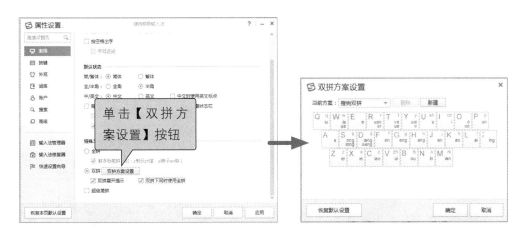

新手学 Windows 10 >>>

> **提示:**
>
> 现在拼音输入以词组输入甚至短句输入为主，双拼的效率低于全拼和简拼综合在一起的混拼输入，从而边缘化了，双拼多用于低配置的且按键不太完备的手机、电子字典等。

另外，简拼由于候选词过多，使用双拼又需要输入较多的字符，开启双拼模式后，就可以采用简拼和全拼混用的模式，这样能够兼顾最少输入字母和输入效率。例如，想输入"龙马精神"，可以在键盘中输入"longmajs""lmjings""lmjshen""lmajs"等都是可以的。打字熟练的用户会经常使用全拼和简拼混用的方式。

4.2.4 模糊音输入

对于一些前后鼻音、平舌翘舌分不清的用户，可以使用搜狗拼音的模糊音输入功能输入正确的汉字。

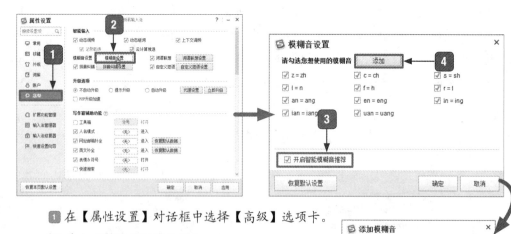

1 在【属性设置】对话框中选择【高级】选项卡。

2 单击【模糊音设置】按钮。

3 选中【开启智能模糊音推荐】复选框。

4 单击【添加】按钮。

5 根据需要自定义模糊音。

68

⑥ 单击【确定并继续添加】按钮。

⑦ 添加完成后返回到【属性设置】对话框，单击【确定】按钮。

⑧ 在键盘中输入"liunai"即可在下方看到设置后的正确读音"niunai"，按【Space】键即可完成输入。

4.2.5 拆字辅助码

使用搜狗拼音的拆字辅助码可以快速定位到一个单字，常用在候选字较多，并且要输入的汉字比较靠后时使用，下面介绍使用拆字辅助码输入汉字"婳"的具体操作步骤。

提示:
　　独体字由于不能被拆成两部分，因此独体字是没有拆字辅助码的。

① 在键盘中输入"婳"字的汉语拼音"xian"。

② 按【Tab】键。

③ 输入"婳"的两部分【女】和【闲】的首字母"nx"。

④ 按【Space】键即可完成输入。

4.2.6 生僻字的输入

以搜狗拼音输入法为例，使用搜狗拼音输入法也可以通过启动 U 模式来输入生僻汉字，在搜狗输入法状态下，输入字母"U"，即可打开 U 模式。

1. 笔画输入

常用的汉字均可通过笔画输入的方法输入。例如，输入"囧"字，具体操作步骤如下。

69

1. 在搜狗拼音输入法状态下，按字母 "U"，启动U模式。

2. 据"囧"的笔画依次输入"szpnsz"，按【Space】键，完成输入。

> **提示：**
>
> 按键【H】代表横或提，按键【S】代表竖或竖钩，按键【P】代表撇，按键【N】代表点或捺，按键【Z】代表折。需要注意的是"忄"的笔画是点点竖，而不是竖点点、点竖点。

2. 拆分输入

将一个汉字拆分成多个组成部分，U模式下分别输入各部分的拼音即可得到对应的汉字。例如分别输入"犇""肫"的方法如下。

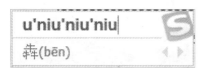

"犇"字可以拆分为3个"牛"（niu），输入"u' niu' niu' niu"，即可显示"犇"字及其汉语拼音，按【Space】键即可输入。

"肫"字可以拆分为"月"（yue）和"屯"（tun），即可显示"肫"字及其汉语拼音，按【Space】键即可输入。

> **提示：**
> 在搜狗拼音输入法中将常见的偏旁都定义了拼音，如下图所示。

偏旁部首	输入	偏旁部首	输入
阝	fu	忄	xin
卩	jie	钅	jin
讠	yan	礻	shi
辶	chuo	廴	yin
冫	bing	氵	shui
宀	mian	冖	mi
扌	shou	犭	quan
纟	si	幺	yao
灬	huo	罒	wang

3. 笔画拆分混输

除了使用笔画和拆分的方法输入陌生汉字外，还可以使用笔画拆分混输的方法输入。例如输入"绎"字，具体操作步骤如下。

1 "绎"字左侧可以拆分为"纟"（si），
输入"u'si"。

2 右侧部分可按照笔画顺序，输入
"znhhs"，即可看到要输入的陌生汉
字及其正确读音。

> **提示：**
> ' 符号起分隔作用，不用输入。

4.3 使用五笔输入法

五笔字型输入法（简称五笔）是依据笔画和字形特征对汉字进行编码，是典型的形码输入法。五笔是目前常用的汉字输入法之一。五笔相对于拼音输入法具有重码率低的特点，熟练后可快速输入汉字。

4.3.1 五笔字型字根的键盘图

字根是五笔输入法的基础，将字根合理地分布到键盘的 25 个键上，这样更有利于汉字的输入。五笔根据汉字的 5 种笔画，将键盘的主键盘区划分为 5 个字根区，分别为横、竖、撇、捺、折五区。下图所示的是五笔字型字根的键盘分布图。

1. 横区（一区）

横是运笔方向从左到右和从左下到右上的笔画，在五笔字型中，"提"（✔）包括在横内。横区在键盘分区中又称为一区，包括 G、F、D、S、A 5 个键，分布着以"横"（一）起笔的字根。字根在横区的键位分布如下图所示。

2. 竖区（二区）

竖是运笔方向从上到下的笔画，在竖区内，把"竖左钩"（亅）同样视为竖。竖区在键盘分区中又称为二区，包括 H、J、K、L、M 五个键，分布着以"竖"（丨）起笔的字根。字根在竖区的键位分布如下图所示。

3. 撇区（三区）

撇是运笔方向从右上到左下的笔画，另外，不同角度的撇也同样视为在撇区内。撇区在键盘分区中称为三区，包括 T、R、E、W、Q 五个键，分布着以"撇"（丿）起笔的字根。字根在撇区的键位分布如下图所示。

4. 捺区（四区）

捺是运笔方向从左上到右下的笔画，在捺区内把"点"（丶）也同样视为捺。捺区在键盘分区中称为四区，包括 Y、U、I、O、P 五个键，分布着以"捺"（丶）起笔的字根。字根在捺区的键位分布如下图所示。

5. 折区（五区）

折是朝各个方向运笔都带折的笔画（除竖左钩外），例如，"乙""乚""乛""乁"等都属折区。折区在键盘的分区中称为五区，包括 N、B、V、C、X 五个键，分布着以"折"（乙）起笔的字根。字根在折区的键位分布如下图所示。

4.3.2 快速记忆字根

五笔字根的数量众多，且形态各异，不容易记忆，一度成为人们学习五笔的最大障碍。在五笔的发展中，除了最初的五笔字根口诀外，另外还衍生出了很多帮助记忆的方法。

1. 通过口诀理解记忆字根

为了帮助五笔字型初学者记忆字根，五笔字型的创造者王永民教授，运用谐音和象形等手法编写了 25 句五笔字根口诀。如下表所示的是五笔字根口诀及其所对应的字根。

区	键位	区位号	键名字根	字根	记忆口诀
横区	G	11	王	王 丰 戋 五 一 ✔	王旁青头戋（兼）五一
	F	12	土	土 士 二 干 中 十 寸 雨 丁 雪	土士二干十寸雨
	D	13	大	大 犬 三 手 严 長 古 石 厂 ナ 丆 ナ	大犬三手（羊）古石厂
	S	14	木	木 丁 西 覀	木丁西
	A	15	工	工 戈 弋 廾 卝 廿 芢 匚 七 弋 土 弋 七 匚	工戈草头右框七

续表

区	键位	区位号	键名字根	字根	记忆口诀
竖区	H	21	目	目 且 上 止 龰 卜 ⺊ 丨 亅 ⺁ 虍	目具上止卜虎皮
	J	22	日	日 曰 ⺲ 早 刂 〢 刂 ⺉ 虫	日早两竖与虫依
	K	23	口	口 川 〣	口与川，字根稀
	L	24	田	田 甲 囗 皿 四 车 力 罒 㓁 ⺫	田甲方框四车力
	M	25	山	山 由 贝 冂 几 ⺆ 冂 ⺇ 几	山由贝，下框几
撇区	T	31	禾	禾 ⺧ 竹 ⺮ 丿 彳 攵 夂 𠂉	禾竹一撇双人立，反文条头共三一
	R	32	白	白 手 扌 龵 𢫦 斤 ⺁ 𠂉 ⺁ 彡	白手看头三二斤
	E	33	月	月 ⺼ 丹 彡 爫 乃 用 豕 豸 𧘇 𧰨 ⻗ 氐	月彡（衫）乃用家衣底
	W	34	人	人 亻 八 癶 𠆢	人和八，三四里
	Q	35	金	金 钅 勹 鱼 夕 ⺁ 犭 儿 ⺈ 㐅 儿 夕 ⺄ 𠂉 ⺊	金（钅）勺缺点无尾鱼，犬旁留乂儿一点夕，氏无七（妻）
捺区	Y	41	言	言 讠 文 方 丶 亠 ⺊ 广 ⻌ ㇏	言文方广在四一，高头一捺谁人去
	U	42	立	立 六 ⺷ 辛 冫 丬 丬 ⺀ 丷 ⺷ 疒 门	立辛两点六门疒（病）
	I	43	水	水 氺 ⺢ ⺣ 氵 ⺍ ⺌ 小 ⺌ ⺍	水旁兴头小倒立
	O	44	火	火 业 ⺌ 灬 米 ⺗	火业头，四点米
	P	45	之	之 冖 宀 辶 廴 礻	之字军盖建道底，摘礻（示）衤（衣）
折区	N	51	已	已 巳 己 尸 ⺕ ⺁ 心 忄 ⺗ 羽 乙 乚 ⺄ ⺕ 乛 ㄣ ㇄ 乛 ㇂	已半巳满不出己，左框折尸心和羽
	B	52	子	子 孑 了 巜 也 耳 卩 阝 ⺋ 凵 ⺓ ⺋	子耳了也框向上
	V	53	女	女 刀 九 臼 彐 巛 ⺕ ⺕	女刀九臼山朝西
	C	54	又	又 巴 马 ⺧ 厶 ㇇	又巴马，丢矢矣
	X	55	纟	纟 ⺯ 幺 ⺓ 𠃑 弓 匕 ⺊	慈母无心弓和匕，幼无力

2. 互动记忆字根

通过前面的学习，相信读者已经对五笔字根有了一个很深的印象。下面继续了解一下其规律，然后互动来记忆字根。

（1） 横区（一）。

字根图如下图所示。

字根口诀如下。

- 11 G 王旁青头戋（兼）五一
- 12 F 土士二干十寸雨
- 13 D 大犬三羊古石厂
- 14 S 木丁西
- 15 A 工戈草头右框七

分析上面的字根图和五组字根口诀，可以发现，所在字根第一画都是横，所以当看到一个以横开头的字根时，如土、大、王等，首先要定位到一区，即 G、F、D、S、A 这 5 个键位，这样能大大缩短键位的思考时间。

（2）竖区（丨）。

字根图如下图所示。

字根口诀如下。

• 21 H 目具上止卜虎皮

• 22 J 日早两竖与虫依

• 23 K 口与川，字根稀

• 24 L 田甲方框四车力

• 25 M 山由贝，下框几

分析上面的字根图和五组字根口诀，可以发现，所在字根第一画都是竖，所以当看到一个以竖开头的字根时，如目、日、甲等，首先要定位到二区，即 H、J、K、L、M 这 5 个键位，这样能大大缩短键位的思考时间。

（3）撇区（丿）。

字根图如下图所示。

字根口诀如下。

• 31 T 禾竹一撇双人立，反文条头共三一

• 32 R 白手看头三二斤

• 33 E 月彡（衫）乃用家衣底

• 34 W 人和八，三四里

• 35 Q 金（钅）勺缺点无尾鱼，犬旁留义儿一点夕，氏无七（妻）

分析上面的字根图和五组字根口诀，可以发现，所在字根第一画都是撇，所以当看到一个以撇开头的字根时，如禾、月、金等，首先要定位到三区，即 T、R、E、W、Q 这 5 个键位，这样能大大缩短键位的思考时间。

（4）捺区（丶）。

字根图如下图所示。

字根口诀如下。

• 41 Y 言文方广在四一，高头一捺谁人去

• 42 U 立辛两点六门疒（病）

• 43 I 水旁兴头小倒立

• 44 O 火业头，四点米

• 45 P 之字军盖建道底，摘礻（示）衤（衣）

分析上面的字根图和五组字根口诀，可以发现，所在字根第一画都是捺，所以当看到一个以捺开头的字根时，如文、立、米等，首先要定位到四区，即 Y、U、I、O、P 这 5 个键位，这样能大大缩短键位的思考时间。

（5）折区（乙）。

字根图如下图所示。

字根口诀如下。

• 51 N 已半巳满不出己，左框折尸心和羽

• 52 B 子耳了也框向上

- 53 V 女刀九臼山朝西
- 54 C 又巴马，丢矢矣
- 55 X 慈母无心弓和匕，幼无力

分析上面的字根图和五组字根口诀，可以发现，所在字根第一画都是折，所以当看到一个以折开头的字根时，如马、女、己等，首先要定位到五区，即 N、B、V、C、X 这 5 个键位，这样能大大缩短键位的思考时间。

互动记忆就是不管在何时何地，都能让自己练习字根。根据字母说字根口诀、根据字根口诀联想字根，还可以根据字根口诀反查字母，等等。互动记忆没有什么诀窍，靠的就是持之以恒。

4.3.3 汉字的拆分技巧与实例

一般输入汉字，每字最多输入四码。根据可以拆分成字根的数量可以将键外字分为 3 种，分别刚好为 4 个字根的汉字、超过 4 个字根的汉字和不足 4 个字根的汉字。下面分别介绍这 3 种键外字的输入方法。

1. 刚好是 4 个字根的字

按书写顺序按该字的 4 个字根的区位码所对应的键，该字就会出现。也就是说该汉字刚好可以拆分成 4 个字根，同样此类汉字的输入方法为：第 1 个字根所在键 + 第 2 个字根所在键 + 第 3 个字根所在键 + 第 4 个字根所在键。如果有重码，选字窗口会列出同码字供用户选择。只要按需要的字前面的序号相应的数字键，即可输入该字。

下面举例说明刚好 4 个字根的汉字的输入方法，如下表所示。

汉字	第 1 个字根	第 2 个字根	第 3 个字根	第 4 个字根	编码
照	日	刀	口	灬	JVKO
镌	钅	亻	圭	乃	QWYE
舻	丿	丹	卜	尸	TEHN
势	扌	九	丶	力	RVYL
痨	疒	艹	冖	力	UAPL
登	癶	一	口	䒑	WGKU
第	竹	弓	丨	丿	TXHT
屡	尸	彳	米	女	NTOV
暑	日	土	丿	日	JFTJ
楷	木	匕	匕	白	SXXR
每	𠂉	母	一	冫	TXGU
貌	爫	豸	白	儿	EERQ
踞	口	止	尸	古	KHND
倦	亻	䒑	大	巳	WUDB

续表

汉字	第1个字根	第2个字根	第3个字根	第4个字根	编码
商	亠	冂	八	口	UMWK
桐	木	门	口	口	SUKK
势	扌	九	丶	力	RVYL
模	木	艹	日	大	SAJD

2. 超过4个字根的字

按照书写顺序第1、第2、第3和第末个字根所在的区位输入。则该汉字的输入方法为：第1个字根所在键＋第2个字根所在键＋第3个字根所在键＋第末个字根所在键。下面举例说明超过4个字根的汉字的输入方法，如下表所示。

汉字	第1个字根	第2个字根	第3个字根	第末个字根	编码
攀	木	乂	乂	手	SQQR
鹏	月	月	勹	一	EEQG
煅	火	亻	三	又	OWDC
逦	一	冂	丶	辶	GMYP
偿	亻	业	冖	厶	WIPC
佩	亻	八	一	上	WMGH
嗜	口	土	丿	日	KFTJ
磐	士	厂	几	石	FNMD
龇	止	人	凵	丶	HWBY
篱	竹	文	凵	厶	TYBC
嗜	口	土	丿	日	KFTJ
嬗	女	亠	口	一	VYLG
器	口	口	犬	口	KKDK
嬗	女	亠	口	一	VYLG
警	艹	勹	口	言	AQKY
蘪	艹	氵	匚	木	AIAS
蠲	丷	八	皿	虫	UWLJ
蓬	艹益	夂	三	辶	ATDP

3. 不足4个字根的字

按书写顺序输入该字的字根后，再输入该字的末笔字型识别码，仍不足四码的补一空格键。则该汉字的输入方法为：第1个字根所在键＋第2个字根所在键＋第3个字根所在键＋末笔识别码。下面举例说明不足4个字根的汉字的输入方法，如下表所示。

汉字	第1个字根	第2个字根	第3个字根	末笔识别码	编码
汉	氵	又	无	Y	ICY
字	宀	子	无	F	PBF
个	人	丨	无	J	WHJ
码	石	马	无	G	DCG
术	木	丶	无	K	SYI
费	弓	儿	贝	U	XJMU
闲	门	木	无	I	USI

汉字	第1个字根	第2个字根	第3个字根	末笔识别码	编码
耸	人	人	耳	F	WWBF
讼	讠	八	ㄙ	Y	YWCY
完	宀	二	儿	B	PFQB
韦	二	乛	丨	K	FNHK
许	讠	广	十	H	YTFH
序	广	乛	了	K	YCBK
华	亻	匕	十	J	WXFJ
徐	彳	人	禾	Y	TWTY
倍	亻	立	口	G	WUKG
难	又	亻	主	G	CWYG
畜	亠	幺	田	F	YXLF

提示:

在添加末笔区位识别码中,有一个特殊情况必须记住:有走之底"辶"的字,尽管走之底"辶"写在最后,但不能用走之底"辶"的末笔来当识别码(否则所有走之底"辶"的字的末笔识别码都一样,就失去筛选作用了),而要用上面那部分的末笔来代替。例如,"连"字的末笔取"车"字的末笔一竖来当识别码"K","迫"字的末笔区位码取"白"字的最后一笔一横来当识别码"D",等等。

对于初学者来说,输入末笔区位识别码时,可能会有点影响思路。但必须坚持训练,务求彻底掌握,习惯了就会得心应手。当学会用词组输入以后,就很少用到末笔区位识别码了。

4.3.4 输入单个汉字

在五笔字根表中把汉字分为一般汉字、键名汉字和成字字根汉字3种。而出现在助记词中的一些字不能按一般五笔字根表的拆分规则进行输入,它们有自己的输入方法。这些字分为两类,即"键名汉字"和"成字字根汉字"。

1. 五种单笔画的输入

在输入键名汉字和成字字根汉字之前,先来看一下五种单笔画的输入。五种单笔画是指五笔字型字根表中的5个基本笔画,即横(一)、竖(丨)、撇(丿)、捺(丶)和折(乙)。

使用五笔字型输入法可以直接输入5个单笔画。它们的输入方法为:字根所在键+字根所在键+【L】键+【L】键,具体输入方法如下表所示。

单笔画	字根所在键	字根所在键	字母键	字母键	编码
一	G	G	L	L	GGLL
丨	H	H	L	L	HHLL
丿	T	T	L	L	TTLL
丶	Y	Y	L	L	YYLL
乙	N	N	L	L	NNLL

2. 键名汉字的输入

在五笔输入法中，每个放置字根的键都对应一个键名汉字，即每个键中的键名汉字就是字根记忆口诀中的第一个字，如下图所示。

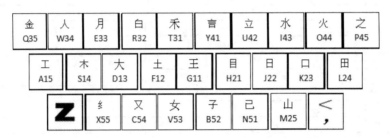

键名汉字共有 25 个，键名汉字的输入方法为：连续按 4 次键名汉字所在的键，键名汉字的输入如下表所示。

键名汉字	编码	键名汉字	编码	键名汉字	编码	键名汉字	编码
王	GGGG	目	HHHH	禾	TTTT	言	YYYY
土	FFFF	日	JJJJ	白	RRRR	立	UUUU
大	DDDD	口	KKKK	月	EEEE	水	IIII
木	SSSS	田	LLLL	人	WWWW	火	OOOO
工	AAAA	山	MMMM	金	QQQQ	之	PPPP
已	NNNN	子	BBBB	女	VVVV	又	CCCC
纟	XXXX						

3. 成字字根汉字的输入

成字字根是指在五笔字根总表中除了键名汉字以外，还有六十几个字根本身也是成字。如"五、早、米、羽……这些字称为成字字根。

成字字根的输入方法如下。

（1）"报户口"，即按一下该字根所在的键。

（2）再按笔画输入三键，即该字的第 1、第 2 和第末笔所在的键（成字字根笔画不足时补空格键）。即成字字根编码=成字字根所在键+首笔笔画所在键+次笔笔画所在键+末笔笔画所在键（空格键）。

下面举例说明成字字根的输入方法，如下表所示。

成字字根	字根所在键	首笔笔画	次笔笔画	末笔笔画	编码
戋	G	一	一	丿	GGGT
士	F	一	丨	一	FGHG
古	D	一	丨	一	DGHG
犬	D	一	丿	丶	DGTY
丁	S	一	丨	空格键	SGH
七	A	一	乙	空格键	AGN
上	H	丨	一		HHGG

成字字根	字根所在键	首笔笔画	次笔笔画	末笔笔画	编码
早	J	丨	乙	丨	JHNH
川	K	丿	丨	丨	KTHH
甲	L	丨	乙	丨	LHNH
由	M	丨	乙	一	MHNG
竹	T	丿	一	丨	TTGH
辛	U	丶	一	丨	UYGH
干	F	一	一	丨	FGGH
弓	X	乙	一	乙	XNGN
马	C	乙	乙	一	CNNG
九	V	丿	乙	空格键	VTN
米	O	丶	丿	丶	OYTY
巴	C	乙	丨	乙	CNHN
手	R	丿	一	丨	RTGH
臼	V	丿	丨	一	VTHG

提示:

成字字根汉字:一、五、戋、士、二、干、十、寸、雨、犬、三、古、石、厂、丁、西、七、弋、戈、廿、卜、上、止、曰、早、虫、川、甲、四、车、力、由、贝、几、竹、手、斤、乃、用、八、儿、夕、广、文、方、六、辛、门、小、米、己、巳、尸、心、羽、了、耳、也、刀、九、臼、巴、马、弓、匕。

4. 键外汉字的输入

在五笔字型字根表中,除了键名字根和成字字根外,其余均为普通字根。键面汉字之外的汉字称为键外汉字,汉字中绝大部分的单字都是键外汉字,它在五笔字型字根表中找不到。因此,五笔字型的汉字输入编码主要是指键外汉字的编码。

键外汉字的输入都必须按字根进行拆分,凡是拆分的字根少于4个的,为了凑足四码,在原编码的基础上要为其加上一个末笔识别码才能输入,末笔识别码是部分汉字输入取码必须掌握的知识。

在五笔字根表中,汉字的字型可分为以下三类。

第一类:左右型,如汉、始、倒。

第二类:上下型,如字、型、森、器。

第三类:杂合型,如国、这、函、问、句。

有一些由两个或多个字根相交而成的字,也属于第3类。例如,"必"字是由字根"心"和"丿"组成的;"毛"字是由"丿""二"和"乚"组成的。

上面讲的汉字的字型是准备知识,下面来具体了解"末笔区位识别码"。务必记住以下8个字。

"笔画分区，字型判位。"

末笔通常是指一个字按笔顺书写的最后一笔，在少数情况下指某一字根的最后一笔。

已经知道 5 种笔画的代码：横为 1、竖为 2、撇为 3、捺为 4、折为 5，用这个代码分区（下表中的行）。再用三类字型判位，左右为 1，上下为 2，杂合为 3（下表的三列）这就构成了所谓的"末笔区位识别码"。

字型 末笔		左右型 1	上下型 2	杂合型 3
横（一）	1	G（11）	F（12）	D（13）
竖（丨）	2	H（21）	J（22）	K（23）
撇（丿）	3	T（31）	R（32）	E（33）
捺（丶）	4	Y（41）	U（42）	I（43）
折（乙）	5	N（51）	B（52）	V（53）

例如，"组"字末笔是横，区码应为 1；字型是左右型，位码为 1；所以"组"字的末笔区位识别码就是 11（G）。

"笔"字末笔是折，区码应为 5；字型是上下型，位码为 2；所以"笔"字的末笔区位识别码为 52（B）。

"问"字末笔是横，区码应为 1；字型是杂合型，位码为 3；所以"问"字的末笔区位识别码为 13（D）。

"旱"字末笔是竖，区码应为 2；字型是上下型，位码为 2；所以"旱"字的末笔区位识别码为 22（J）。

"困"字末笔是捺，区码应为 4；字型是杂合型，位码为 3；所以"困"字的末笔区位识别码为 43（I）。

4.3.5 万能【Z】键的妙用

在使用五笔字型输入法输入汉字时，如果忘记某个字根所在键或不知道汉字的末笔识别码，可用万能键【Z】来代替，它可以代替任何一个键。

为了便于理解，下面将以举例的方式说明万能【Z】键的使用方法。

例如，"虽"，输入字根"口"之后，不记得"虫"的键位是哪个，就可以直接按【Z】键，如下图所示。

在其备选字列表中，可以看到"虽"字的字根"虫"在【J】键上，选择列表中相应的数字键，即可输入该字。

接着按照正确的编码再次进行输入，加深记忆，如下图所示。

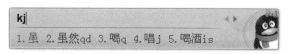

> **提示：**
>
> 　　在使用万能键时，如果在候选框中未找到准备输入的汉字，就可以在键盘上按下【+】键或【Page Down】键向后翻页，按下【－】键或【Page Up】键向前翻页进行查找。由于使用【Z】键输入重码率高，而影响打字的速度，因此用户尽量不要依赖【Z】键。

4.3.6 使用简码输入汉字

为了充分利用键盘资源，提高汉字输入速度，五笔字根表还将一些最常用的汉字设为简码，只要按一键、两键或三键，再加一个空格键就可以将简码输入。下面分别介绍这些简码字的输入。

1. 一级简码的输入

一级简码，顾名思义就是只需按一次键就能出现的汉字。

在五笔键盘中根据每一个键位的特征，在5个区的25个键位（【Z】为学习键）上分别安排了一个使用频率最高的汉字，称为一级简码，即高频字，如下图所示。

一级简码的输入方法为：简码汉字所在键＋空格键。

例如，当输入"要"字时，只需要按一次简码所在键【S】，即可在输入法的备选框中看到要输入的"要"字，如下图所示。

接着按空格键，就可以输入"要"字。

一级简码的出现大大提高了五笔打字的输入速度，如果没有熟记一级简码所对应的汉字，输入速度就会降低。

> **提示：**
>
> 当某些词中含有一级简码时，输入一级简码的方法为：一级简码＝首笔字根＋次笔字根，例如，地＝土（F）＋也（B）；和＝禾（T）＋口（K）；要＝西（S）＋女（V）；中＝口（K）＋丨（H）等。

2. 二级简码的输入

二级简码就是只需按两次键就能出现的汉字。它是由前两个字根的键码作为该字的编码，输入时只要取前两个字根，再按空格键即可。但是，并不是所有的汉字都能用二级简码来输入，五笔字型将一些使用频率较高的汉字作为二级简码。下面将举例说明二级简码的输入方法。

例如，如＝女（V）＋口（K）＋空格键，如下图所示。

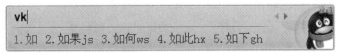

输入前两个字根，再按空格键即可输入。

同样的，暗＝日（J）＋立（U）＋空格键；

果＝日（J）＋木 (S)＋空格键；

炽＝火（O）＋口（K）＋空格键；

蝗＝虫（J）＋白（R）＋空格键，等等。

二级简码是由 25 个键位（【Z】为学习键）代码排列组合而成的，共 25×25 个，去掉一些空字，二级简码有 600 个左右。二级简码的输入方法为：第 1 个字根所在键＋第 2 个字根所在键＋空格键。二级简码表如下表所示。

位号	区号	11～15 GFDSA	21～25 HJKLM	31～35 TREWQ	41～45 YUIOP	51～55 NBVCX
11	G	五于天末开	下理事画现	玫珠表珍列	玉平 不来	与屯妻到互
12	F	二寺城霜载	直进吉协南	才垢圾夫无	坟增示赤过	志地雪支
13	D	三夺大厅左	丰百右历面	帮原胡春克	太磁砂灰达	成顾肆友龙
14	S	本村枯林械	相查可楞机	格析极检构	术样档杰棕	杨李要权楷
15	A	七革基苛式	牙划或功贡	攻匠菜共区	芳燕东 芝	世节切芭药
21	H	睛睦睡盯虎	止旧占卤贞	睡睥肯具餐	眩瞳步眯瞎	卢 眼皮此
22	J	量时晨果虹	早昌蝇曙遇	昨蝗明蛤晚	景暗晃显晕	电最归紧昆
23	K	呈叶顺呆呀	中虽吕另员	呼听吸只史	嘛啼吵噗喧	叫啊哪吧哟
24	L	车轩因困轼	四辊加男轴	力斩胃办罗	罚较 辚边	思团轨轻累
25	M	同财央朵曲	由则 崭册	几贩骨内风	凡赠峭赆迪	岂邮 凤嶷
31	T	生行知条长	处得各务向	笔物秀答称	入科秒秋管	秘季委么第

位号 \ 区号		11～15 GFDSA	21～25 HJKLM	31～35 TREWQ	41～45 YUIOP	51～55 NBVCX
32	R	后持拓打找	年提扣押抽	手白扔失换	扩拉朱搂近	所报扫反批
33	E	且肝须采肛	胖胆肿肋肌	用遥朋脸胸	及胶膛膦爱	甩服妥肥脂
34	W	全会估休代	个介保佃仙	作伯仍从你	信们 偿伙	亿他分公化
35	Q	钱针然钉氏	外旬名甸负	儿铁角欠多	久匀乐炙锭	包凶 争色
41	Y	主计庆订度	让刘训为高	放诉衣认义	方说就变这	记离良充率
42	U	闰半关亲并	站间部曾商	产瓣前闪交	六立冰普帝	决闻妆冯北
43	I	汪法尖洒江	小浊澡渐没	少泊肖兴光	注洋水淡学	沁池当汉涨
44	O	业灶类灯煤	粘烛炽烟灿	烽煌粗粉炮	米料炒炎迷	断籽娄烃糨
45	P	定守害宁宽	寂审宫军宙	客宾家空宛	社实宵灾之	官字安 它
51	N	怀导居 民	收慢避懈届	必怕 愉懈	心习悄屡忱	忆敢恨怪尼
52	B	卫际承阿陈	耻阳职阵出	降孤阴队隐	防联孙耿辽	也子限取陛
53	V	姨寻姑杂毁	叟旭如舅妯	九 奶 婚	妨嫌录灵巡	刀好妇妈姆
54	C	骊对参骠戏	骡台 劝观	矣牟能难允	驻 驼	马邓 艰双
55	X	线结顷 红	引旨强细纲	张绵级给约	纺弱纱继综	纪弛绿经比

提示:
　　虽然一级简码速度快，但毕竟只有25个，真正提高五笔打字输入速度的是这600多个二级简码的汉字。二级简码数量较大，靠记忆并不容易，只能在平时多练习，日积月累慢慢就会记住二级简码汉字，从而大大提高输入速度。

3. 三级简码的输入

　　三级简码是以单字全码中的前三个字根作为该字的编码。

　　在五笔字根表所有的简码中三级简码汉字字数多，输入三级简码字也只需按键四次（含一个空格键），三个简码字母与全码的前三者相同。但用空格键代替了末字根或末笔识别码。即三级简码汉字的输入方法为：第1个字根所在键＋第2个字根所在键＋第3个字根所在键＋空格键。由于省略了最后一个字根的判定和末笔识别码的判定，可显著提高输入速度。

　　三级简码汉字数量众多，有4400多个，故在此就不再一一列举。下面只举例说明三级简码汉字的输入，以帮助读者学习。

　　例如，模＝木（S）+ 艹（A）+ 日（J）+ 空格键，如下图所示。

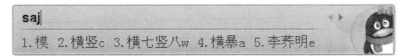

输入前三个字根，再输入空格键即可输入。

同样的，隔＝阝（B）＋一（G）＋口（K）＋空格键；

输＝车（L）＋人（W）＋一（G）＋空格键；

蓉＝艹（A）＋宀（P）＋八（W）＋空格键；

措＝扌（R）＋艹（A）＋日（J）＋空格键；

修＝亻（W）＋｜（H）＋夂（T）＋空格键，等等。

4.3.7 词组的输入方法和技巧

五笔输入法中不仅可以输入单个汉字，而且还提供大规模词组数据库，使输入更加快速。五笔字根表中词组输入法按词组字数分为二字词组、三字词组、四字词组和多字词组 4 种，但无论哪一种词组其编码构成数目都为四码，因此采用词组的方式输入汉字会比输入单个汉字的速度快得多。

1. 输入二字词组

二字词组输入方法为：分别取单字的前两个字根代码，即第 1 个汉字的第 1 个字根所在键＋第 1 个汉字的第 2 个字根所在键＋第 2 个汉字的第 1 个字根所在键＋第 2 个汉字的第 2 个字根所在键。下面举例来说明二字词组编码的规则。

例如，汉字＝氵（I）＋又（C）＋宀（P）＋子（B），如下图所示。

当按【B】键时，二字词组"汉字"即可输入，如下表所示的都是二字词组的编码规则。

词组	第 1 个字根 第 1 个汉字的 第 1 个字根	第 2 个字根 第 1 个汉字的 第 2 个字根	第 3 个字根 第 2 个汉字的 第 1 个字根	第 4 个字根 第 2 个汉字的 第 2 个字根	编码
词组	讠	乙	纟	月	YNXE
机器	木	几	口	口	SMKK
代码	亻	弋	石	马	WADC
输入	车	人	丿	、	LWTY
多少	夕	夕	小	丿	QQIT
方法	方	、	氵	土	YYIF
字根	宀	子	木	⺕	PBSV
编码	纟	、	石	马	XYDC
中国	口	｜	口	王	KHLG
你好	亻	勹	女	子	WQVB
家庭	宀	豕	广	丿	PEYT
帮助	三	丿	月	一	DTEG

　　二字词组在汉语词汇中占有的比重较大，熟练掌握其输入方法可有效提高五笔打字速度。

2.输入三字词组

　　所谓三字词组就是构成词组的汉字个数有 3 个。三字词组的取码规则为：前两字各取第一码，后一字取前两码，即第一个汉字的第 1 个字根 + 第 2 个汉字的第 1 个字根 + 第 3 个汉字的第 1 个字根 + 第 3 个汉字的第 2 个字根。下面举例说明三字词组的编码规则。

　　例如，计算机 = 讠（Y）+ ⺮（T）+ 木（S）+ 几（M），如下图所示。

　　当按【M】键时，"计算机"三字即可输入，如下表所示的都是三字词组的编码规则。

词组	第 1 个字根 第 1 个汉字的 第 1 个字根	第 2 个字根 第 2 个汉字的 第 1 个字根	第 3 个字根 第 3 个汉字的 第 1 个字根	第 4 个字根 第 3 个汉字的 第 2 个字根	编码
瞧不起	目	一	土	⻊	HGFH
奥运会	丿	二	人	二	TFWF
平均值	一	土	亻	十	GFWF
运动员	二	二	口	贝	FFKM
共产党	廾	立	⅋	冖	AUIP
飞行员	乙	彳	口	贝	NTKM
电视机	日	礻	木	几	JPSM
动物园	二	丿	口	二	FTLF
摄影师	扌	日	⼃	一	RJJG
董事长	艹	一	丿	匕	AGTA
联合国	耳	人	口	王	BWLG
操作员	扌	亻	口	贝	RWKM

三字词组在汉语词汇中占有的比重也很大，其输入速度大约为普通汉字输入速度的 3 倍，因此可以有效提高输入速度。

3. 输入四字词组

四字词组在汉语词汇中同样占有一定的比重，其输入速度约为普通汉字的 4 倍，因而熟练掌握四字词组的编码对提高五笔打字的速度相当重要。

四字词组的编码规则为取每个单字的第一码。即第 1 个汉字的第 1 个字根 + 第 2 个汉字的第 1 个字根 + 第 3 个汉字的第 1 个字根 + 第 4 个汉字的第 1 个字根。下面举例说明四字词组的编码规则。

例如，前程似锦 = ⺊（U）+ 禾（T）+ 亻（W）+ 钅（Q），如下图所示。

当按【Q】键时，"前程似锦"四字即可输入。如下表所示的都是四字词组的编码规则。

词组	第 1 个字根 第 1 个汉字的 第 1 个字根	第 2 个字根 第 2 个汉字的 第 1 个字根	第 3 个字根 第 3 个汉字的 第 1 个字根	第 4 个字根 第 4 个汉字的 第 1 个字根	编码
青山绿水	丰	山	纟	水	GMXI
势如破竹	扌	女	石	竹	RVDT
天涯海角	一	氵	氵	⺈	GIIQ
三心二意	三	心	二	立	DNFU
熟能生巧	亠	厶	丿	工	YCTA
釜底抽薪	八	广	扌	艹	WYRA
刻舟求剑	亠	丿	十	人	YTFW
万事如意	丆	一	女	立	DGVU
当机立断	⺌	木	立	米	ISUO
明知故犯	日	仁	古	犭	JTDQ
惊天动地	忄	一	二	土	NGFF
高瞻远瞩	亠	目	二	目	YHFH

> **提示：**
>
> 在拆分四字词组时，词组中如果包含有一级简码的独体字或键名字，只需按该字所在键即可；如果一级简码非独体字，则按照键外字的拆分方法拆分即可；如果包含成字字根，则按照成字字根的拆分方法拆分即可。

4. 输入多字词组

多字词组是指 4 个字以上的词组，能通过五笔输入法输入的多字词组并不多见，一般在使用率特别高的情况下，才能够完成输入，其输入速度非常快。

多字词组的输入同样也是取四码，其规则为取第 1、第 2、第 3 及第末个字的第一码，即第 1 个汉字的第 1 个字根 + 第 2 个汉字的第 1 个字根 + 第 3 个汉字的第 1 个字根 + 第末个汉字的第 1 个字根。下面举例来说明多字词组的编码规则。

例如，中华人民共和国 = 口（K）+ 亻（W）+ 人（W）+ 囗（L），如下图所示。

当按【L】键时，"中华人民共和"七字即可输入，如下表所示的都是多字词组的编码规则。

词组	第 1 个字根 第 1 个汉字的第 1 个字根	第 2 个字根 第 2 个汉字的第 1 个字根	第 3 个字根 第 3 个汉字的第 1 个字根	第 4 个字根 第末个汉字的第 1 个字根	编码
中国人民解放军	口	囗	人	冖	KLWP
百闻不如一见	丆	门	一	冂	DUGM
中央人民广播电台	口	冂	人	厶	KMWC
不识庐山真面目	一	讠	广	目	GYYH
但愿人长久	亻	厂	人	勹	WDWQ
心有灵犀一点通	心	广	彐	丶	NDVC
广西壮族自治区	广	西	丬	匚	YSUA
天涯何处无芳草	一	氵	亻	卄	GIWA
唯恐天下不乱	口	工	一	丿	KADT
不管三七二十一	一	𥫗	三	一	GTDG

> **提示：**
> 　　在拆分多字词组时，词组中如果包含有一级简码的独体字或键名字，只需按该字所在键即可；如果一级简码非独体字，则按照键外字的拆分方法拆分即可；如果包含成字字根，则按照成字字根的拆分方法拆分即可。

87

痛点解析

痛点： 如何造词并添加到词组中

小白： 对于常用的词组不能一次输入，有什么诀窍吗？

大神：这个问题嘛，其实可以将其添加到输入法中，这样在任何时候都可以快速输入。

小白：能不能用简拼输入这些常用词组呢，岂不是更高效？

大神：可以啊，看下面图文分解。

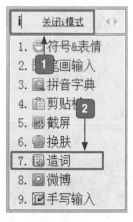 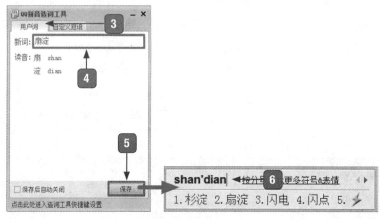

1 在 QQ 拼音输入法下按【I】键，启动 i 模式。

2 按【7】键。

3 选择【用户词】选项卡。

4 在文本框中输入新词。

5 点击【保存】按钮。

6 输入拼音，即可在第二个位置显示设置的新词。

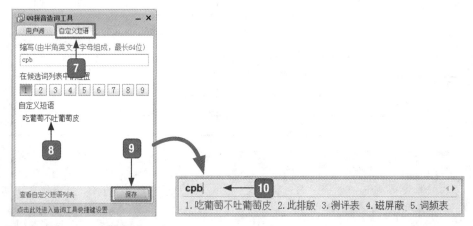

7 选择【自定义短语】选项卡。

8 在【自定义短语】文本框中输入短语。

9 点击【保存】按钮。

10 输入拼音"cpb"，即可在第一个位置显示设置的新短语。

大神支招

问：互换名片后，如何快速记住别人的名字？

　　"名片全能王"是一款基于智能手机的名片识别软件，它能利用手机自带的相机进行拍摄名片图像，快速扫描并读取名片图像上的所有联系信息，如姓名、职位、电话、传真、公司地址、公司名称等，并自动存储到电话簿与名片中心。这样，就可以在互换名片后，快速记住对方的名字。

1. 打开名片全能王主界面，点击【拍照】按钮。
2. 对准名片，点击【拍照】按钮。

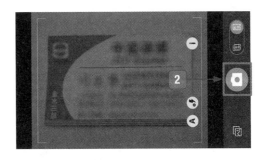

3. 显示识别信息，可以根据需要手动修改。
4. 点击【保存】按钮。
5. 点击【新建分组】按钮。
6. 输入分组名称。
7. 单击【确认】按钮。

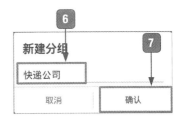

89

提示：

（1）拍摄名片时，如果是其他语言名片，需要设置正确的识别语言（可以在【通用】界面设置识别语言）。

（2）保证光线充足，名片上不要有阴影和反光。

（3）在对焦后进行拍摄，尽量避免抖动。

（4）如果无法拍摄清晰的名片图片，可以使用系统相机拍摄识别。

第5章

管理电脑中的文件资源

>>> 电脑已经会基本使用了，可还是分不清文件和文件夹？

>>> 别人操作文件和文件夹如鱼得水，想不想知道他们是怎么做到的？

>>> 想不想知道如何隐藏、压缩、搜索文件和文件夹呢？

本章就来告诉你如何管理电脑中的文件资源！

5.1 文件和文件夹的概念

在 Windows 10 操作系统中，文件夹主要用于存放文件，是存放文件的容器，双击桌面上的用户文件夹图标，即可看到分布的文件夹。而文件是 Windows 存取磁盘信息的基本单位，一个文件是磁盘上存储信息的一个集合，可以是文字、图片、影片和一个应用程序等。

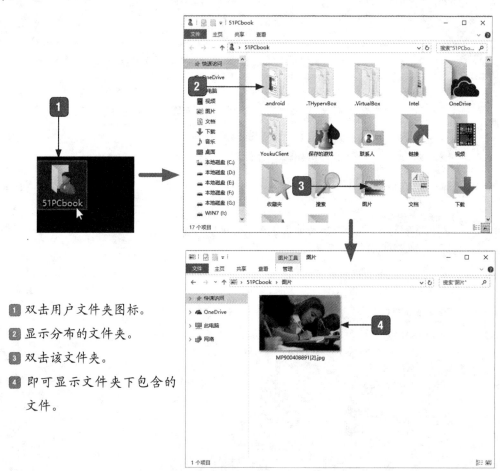

① 双击用户文件夹图标。

② 显示分布的文件夹。

③ 双击该文件夹。

④ 即可显示文件夹下包含的文件。

从上述操作中，不难发现文件和文件夹的关系可以用下图表示。

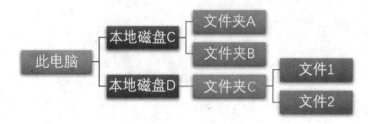

文件和文件夹都有名称，系统都是根据它们的名称来存取的。一般情况下，文件和文件夹的命名规则有以下几点。

（1）文件和文件夹名称长度最多可达 256 个字符，1 个汉字相当于两个字符。

（2）文件、文件夹名中不能出现英文输入法中的这些字符：斜线（\、/）、竖线（|）、小于号（<）、大于号（>）、冒号（：）、引号（""）、问号（？）、星号（*），在输入时，如果输入以上特殊符号，则会弹出如下提示。

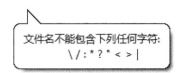

（3）文件和文件夹不区分大小写字母。例如，"abc"和"ABC"是同一个文件名。

（4）通常每个文件都有对应的扩展名（通常为 3 个字符），用来表示文件的类型。文件夹通常没有扩展名。

（5）同一个文件夹中的文件、文件夹不能同名。

5.2 文件资源管理器的操作

在 Windows 10 操作系统中，用户打开文件资源管理器默认显示的是快速访问界面，在快速访问界面中用户可以看到常用的文件夹、最近使用的文件等信息。

5.2.1 常用文件夹

【文件资源管理器】窗口中的常用文件夹默认显示为 8 个，包括桌面、下载、文档和图片 4 个固定的文件夹，另外 4 个文件夹是用户最近常用的文件夹。通过常用文件夹，用户可以打开文件夹来查看其中的文件。

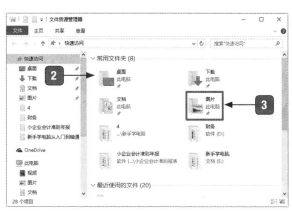

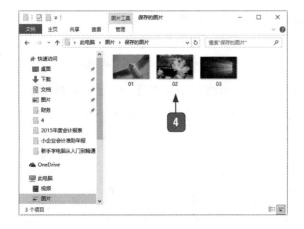

1. 按【Windows】键，在弹出的【开始】屏幕中选择【文件资源管理器】选项。
2. 显示的常用文件夹列表。
3. 双击该文件夹。
4. 显示的文件夹内包含的图片列表。

5.2.2 最近使用的文件

文件资源管理器提供最近使用的文件列表，默认显示为 20 个，用户可以通过最近使用的文件列表来快速打开文件。

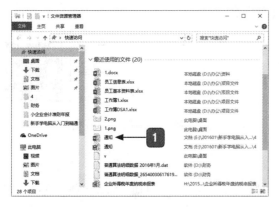

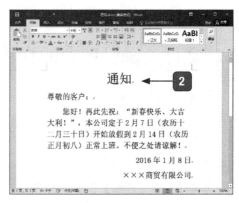

1. 按【Windows+E】组合键打开【文件资源管理器】窗口，在【最近使用的文件】列表中，双击要打开的文件。
2. 即可打开文件显示界面。

5.2.3 将文件夹固定在【快速访问】列表中

对于常用的文件夹，用户可以将其固定在【快速访问】列表中。

 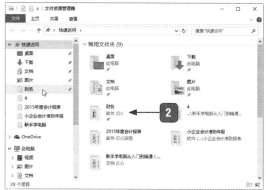

1 选中目标文件夹并右击，在弹出的快捷菜单中选择【固定到"快速访问"】命令。

2 文件夹被固定到【快速访问】列表中，并在其后显示一个"固定"图标。

5.3 文件和文件夹的基本操作

用户要想管理电脑中的数据，首先要熟练掌握文件和文件夹的基本操作。

5.3.1 打开和关闭文件或文件夹

对文件或文件夹进行最多的操作就是打开和关闭，下面就介绍打开和关闭文件或文件夹的常用方法。

打开文件或文件夹共用的方法有以下两种。

（1）选择需要打开的文件或文件夹，双击即可打开。

（2）选择需要打开的文件或文件夹并右击，在弹出的快捷菜单中选择【打开】命令。

对于文件，用户还可以利用【打开方式】命令将其打开，具体操作步骤如下。

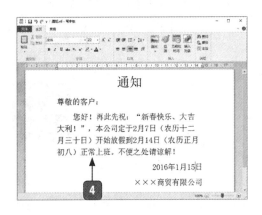

1 选中并右击，在弹出的快捷菜单中选择【打开方式】命令。

2 选择要打开的方式。

3 单击【确定】按钮。

4 自动打开选择的文件。

提示：
选中【始终使用此应用打开 .rtf 文件】复选框，则会始终用此方式打开该类型文件。

5.3.2 重命名文件或文件夹

新建文件或文件夹后，都是以一个默认的名称作为文件或文件夹的名称，其实用户可以在文件资源管理器或任意一个文件夹窗口中，给新建的或已有的文件或文件夹重新命名。重命名文件或文件夹主要有两种方法。

1. 最常用的方法——右键菜单命令

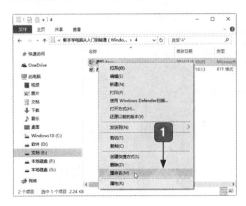

1. 选中目标文件夹并右击，在弹出的快捷菜单中选择【重命名】命令。

2. 文件的名称以蓝色背景显示。

3. 直接输入文件的名称，按【Enter】键，即可完成重命名。

提示：

在重命名文件时，不能改变已有文件的扩展名，否则可能会导致文件不可用。

2. 最便捷的方法——【F2】键

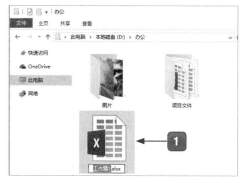

1. 选择目标文件，按【F2】键，即可进入重命名状态。

2. 输入文件的名称，在窗口内任意空白处单击，完成重命名。

提示：

连续两次单击（不是双击）需要重命名的文件或文件夹图标下的名称，也可以使其进入重命名状态，和【F2】键作用一样。

5.3.3 快速移动文件或文件夹

要快速移动文件或文件夹，可以采用如下方法。

1. 移动单个文件或文件夹

当源文件与目的位置同时显示在屏幕上，可以使用鼠标拖曳法快速移动文件或文件夹。

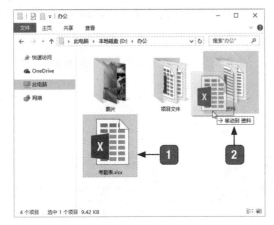 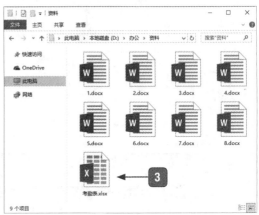

1️⃣ 按住鼠标左键不放,向目标文件夹拖曳。　　3️⃣ 源文件即被移动到目标文件夹内。

2️⃣ 松开鼠标左键。

2. 移动多个文件或文件夹

如果要移动多个文件或文件夹，而一次移动一个太麻烦，可以先选择多个文件或文件夹，然后进行移动操作。

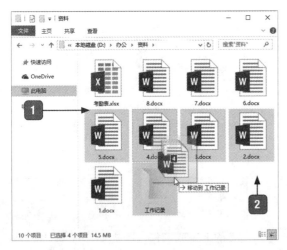

1️⃣ 从此处开始拖曳。

2️⃣ 被选择的图标会呈选中状态，
使用鼠标拖曳即可。

如果选择的文件或文件夹位置不连续，可按住【Ctrl】键，配合"框选法"，选择规则的部分，然后进行移动。

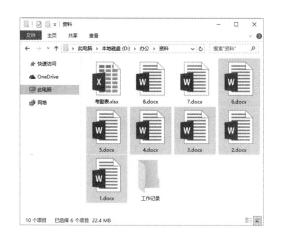

如果要选择文件夹窗口中的所有图标，可按【Ctrl+A】组合键，使其处于全选状态。

> **提示：**
> 除了上述方法外，还可以采用以下两种方法。（1）选择要移动的文件或文件夹，按【Ctrl+X】组合键，然后切换到目标位置，按【Crtl+V】组合键即可；（2）右击要移动的文件或文件夹，在弹出的快捷菜单中选择【剪切】命令，然后切换到目标位置，再右击窗口内任意空白处，在弹出的快捷菜单中选择【粘贴】命令。

5.3.4 快速复制文件或文件夹

下面介绍如何使用鼠标拖曳法快速复制文件或文件夹。

1. 使用鼠标左键拖曳

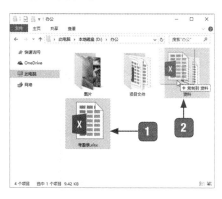

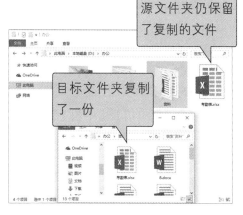

源文件夹仍保留了复制的文件

目标文件夹复制了一份

1 选中需要复制的文件或文件夹，按住【Ctrl】键。

2 使用鼠标拖曳至目标位置，松开鼠标左键，再放开【Ctrl】键。

2. 使用鼠标右键拖曳

如果在拖曳时不知道要按什么按键，可以使用鼠标右键的方法拖曳。

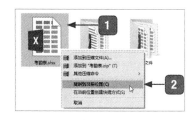

1 选择要复制的文件或文件夹，按住鼠标右键拖曳到目标位置。

2 松开鼠标右键时，在弹出的快捷菜单中选择【复制到当前位置】选项。

> **提示:**
>
> 除了上述方法外，还可以采用以下两种方法快速复制。（1）选择要移动的文件或文件夹，按【Ctrl+C】组合键，然后切换到目标位置，按【Crtl+V】组合键即可；（2）右击要复制的文件或文件夹，在弹出的快捷菜单中选择【复制】命令，然后切换到目标位置，再右击窗口内任意空白处，在弹出的快捷菜单中选择【粘贴】命令。

5.3.5 快速删除文件或文件夹

删除文件或文件夹主要有以下几种方法。

（1）选择要删除的文件或文件夹，按【Delete】键或【Ctrl+D】组合键即可。

（2）选择要删除的文件或文件夹并右击，在弹出的快捷菜单中选择【删除】命令即可。

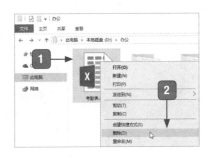

1 选择要删除的文件或文件夹。

2 选择【删除】命令。

（3）选择要删除的文件或文件夹，单击【主页】选项卡【组织】组中的【删除】按钮。

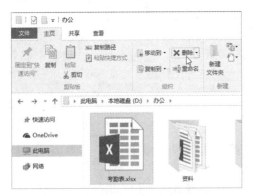

如果要彻底删除文件或文件夹，可以先选择要删除的文件或文件夹，然后在按住【Shift】键的同时，按【Delete】键，弹出【删除文件】对话框，单击【是】按钮即可彻底删除。

（4）选择要删除的文件或文件夹，直接拖曳到【回收站】中。

5.3.6 快速恢复被删除的文件或文件夹

如果需要恢复被删除的文件或文件夹，可执行如下操作。

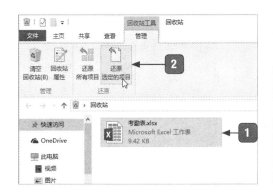

1 打开【回收站】窗口，并选择要恢复的文件或文件夹。

2 单击【管理】选项卡【还原】组中的【还原选定的项目】按钮，即可还原。

> **提示：**
>
> 如果要对刚删除的文件或文件夹进行删除后的恢复操作，可当即按【Ctrl+Z】组合键，执行撤销操作，可快速恢复被删除的文件。

5.4 文件和文件夹的高级操作

熟悉了文件和文件夹的基本操作后，本节主要介绍文件和文件夹的高级操作。

5.4.1 隐藏或显示文件或文件夹

1.隐藏文件或文件夹

隐藏文件或文件夹可以增强文件的安全性，同时可以防止由误操作导致的文件丢失现象。

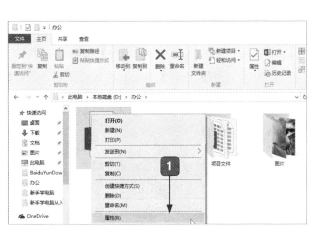

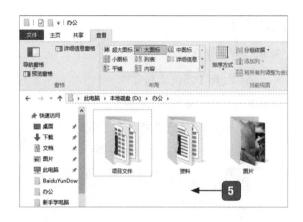

1. 右击要被隐藏的文件或文件夹，在弹出的快捷菜中，选择【属性】命令。

2. 选择【常规】选项卡。

3. 选中【隐藏】复选框。

4. 单击【确定】按钮。

5. 返回到当前窗口，即可看到文件已被隐藏。

2.显示文件或文件夹

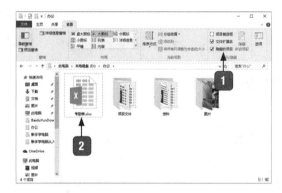

1. 选中【查看】选项卡【显示/隐藏】组中的【隐藏的项目】复选框。

2. 即可看到隐藏的文件或文件夹，右击该文件。

3. 在弹出的快捷菜单中，选择【属性】命令，弹出【属性】对话框，选择【常规】选项卡。

4. 取消选中【隐藏】复选框。

5. 单击【确定】按钮则可完全显示隐藏的文件或文件夹。

5.4.2 压缩或解压缩文件或文件夹

对于特别大的文件夹，用户可以进行压缩操作，经过压缩过的文件将占用很少的磁盘空间，并有利于更快速地相互传输到其他计算机上，以实现网络上的共享功能。

下面以360压缩软件为例，介绍如何压缩与解压缩文件或文件夹，如果电脑中没有安装该软件，可自行下载并安装。

1. 压缩文件或文件夹

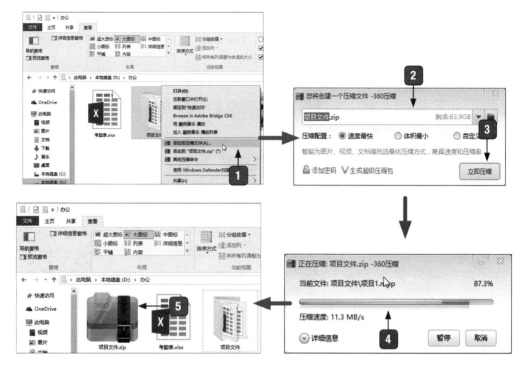

1 右击要压缩的文件或文件夹，在弹出的快捷菜单中选择【添加到压缩文件】命令。

2 设置压缩文件的名称和压缩配置。

3 单击【立即压缩】按钮。

4 显示压缩进度。

5 返回到当前窗口，即可看到压缩的文件，后缀名为".zip"。

2. 解压缩文件或文件夹

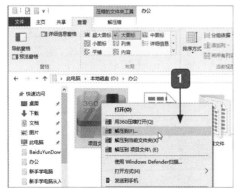

1 右击要解压缩的文件或文件夹，在弹出的快捷菜单中选择【解压到】命令。

2 选择要解压的路径，可单击【更改目录】按钮，进行路径选择。

3 单击【立即解压】按钮即可解压缩所选文件或文件夹。

5.4.3 搜索文件或文件夹

当用户忘记了文件或文件夹的位置，只是知道该文件或文件夹的名称时，可以通过搜索功能来搜索需要的文件或文件夹。

1. 简单搜索

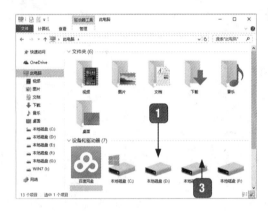

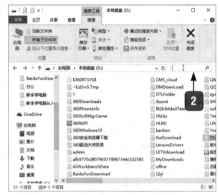

1 打开【此电脑】窗口，双击打开要搜索的磁盘。

2 进入目标磁盘，单击顶部的搜索框。

3 输入想要搜索的文件或文件夹名称。

4 即会自动搜索，并显示相关的项目文件或文件夹，双击即可打开搜索的文件或文件夹。

5 右击目标文件或文件夹，在弹出的快捷菜单中选择【打开文件所在的位置】命令，可
进入目标文件所在的文件夹。

> **提示：**
> 如果不确定在哪个磁盘，可直接单击【此电脑】窗口中的搜索框。

2. 高级搜索

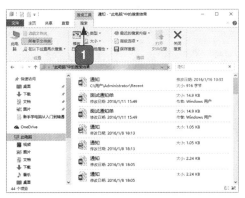
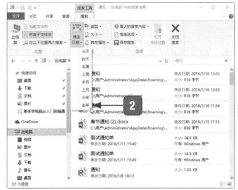

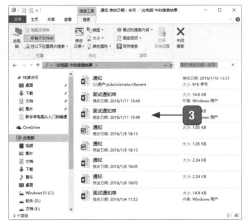
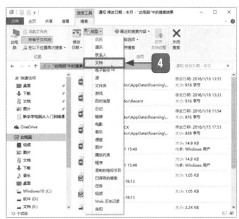

1 在简单搜索结果的窗口中选择【搜索】选项卡。

2 单击【优化】组中的【修改日期】按钮，在弹出的下拉列表中选择文档修改的日期范围，如选择【本月】选项。

3 搜索结果中只显示本月的【通知】文件。

4 单击【优化】组中的【类型】按钮，在弹出的下拉列表中可以选择搜索文件的类型。

 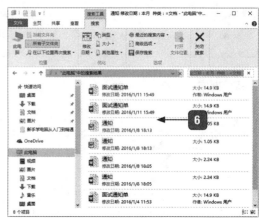

5 单击【优化】组中的【大小】按钮，在弹出的下拉列表中可以选择搜索文件的大小范围。

6 当所有的搜索参数设置完毕后，系统开始自动根据用户设置的条件进行高级搜索，并将搜索结果显示在下方的窗格中。

痛点解析

痛点：为什么 1TB 的硬盘只有 930GB 左右

小白：郁闷，新买的电脑，明明标的是 1TB 空间，为什么变成 900 多 GB 了呢，难不成我买的是假硬盘？

大神：哈哈，不是的，那是因为硬盘厂商和操作系统的容量计算方法不同导致的。

小白：这还有算法？太复杂了吧。

大神：不复杂，我给你详细解释一下，你就明白了！

在操作系统中主要采用二进制表示，换算单位为 2^{10}（1024），简单说每级是前一级的 1024 倍，如 1KB=1024B，1MB=1024KB=1024×1024B 或 2^{20}，而硬盘厂商在生产过程中主要采用十进制的计算，如 1MB=1000KB=1000000B，所以用户会发现计算机看到的硬盘容量比实际容量要小。

如 1000GB 的实际容量为 $1000×1000^3÷（1024^3）≈931.32GB$。

另外，硬盘容量和实际容量结果会有误差，上下误差应该在 10% 内，如果大于 10%，则表明硬盘有质量问题。

🎓 大神支招

问：如何使用手机将重要日程一个不落地记下来？

日程管理无论对于个人还是对于企业来说都是很重要的，做好日程管理，个人可以更好地规划自己的工作、生活，企业能确保各项工作及时有效推进，保证在规定的时间内完成既定任务。做好日程管理可以借助一些日程管理软件，也可以使用手机自带的软件，如使用手机自带的日历、闹钟、便签等应用进行重要日程提醒。

1. 在日历中添加日程提醒

1️⃣ 打开【日历】应用，点击【新建】按钮。

2️⃣ 选择【日程】选项。

3️⃣ 输入日程内容。

4️⃣ 选择【开始时间】选项。

5️⃣ 设置日程的开始时间。

6️⃣ 点击【确定】按钮。

107

7 选择结束时间选项，设置日程的结束时间。

8 点击【确定】按钮。

9 选择提醒选项，设置日程的提醒时间。

10 点击【返回】按钮。

11 完成日程的添加，到达提醒时间，将会发出提醒。

2. 创建闹钟进行日程提醒

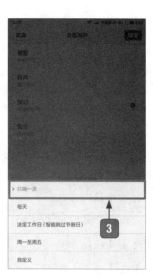

1 打开【闹钟】应用，点击【添加闹钟】按钮。

2 选择【重复】选项。

3 选择【只响一次】选项。

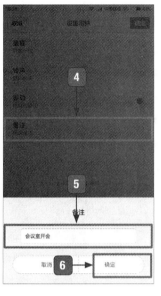

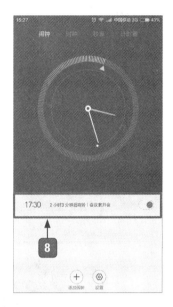

4 选择【备注】选项。

5 输入备注内容。

6 点击【确定】按钮。

7 设置提醒时间。

8 完成使用闹钟设置提醒的创建，到达提醒时间，将会发出提醒。

3. 创建便签进行日程提醒

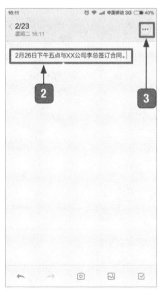

1 打开【便签】应用，单击【新建便签】按钮。

2 输入便签内容。

3 点击【设置】按钮。

4 设置提醒日期和时间。

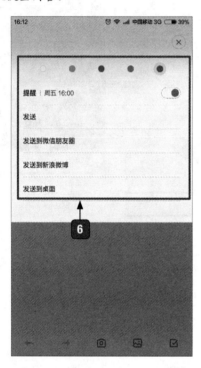

5 点击【确定】按钮。

6 根据需要设置颜色或发送便签。

7 完成便签日程的创建。

第6章

软件的安装与管理

>>> 面对电脑中一大堆的软件，不知如何查找自己想用的？

>>> 新奇的应用商店是如何使用的呢？

>>> 软件不用了，又不知道如何正确卸载？

本章就来告诉你如何管理电脑上的软件应用！

6.1 获取软件安装包

获取软件安装包的方法主要有3种，分别是从软件的官网上下载、从应用商店中下载及从软件管家中下载，下面分别进行介绍。

6.1.1 从官网下载

官网也称官方网站，是公开团体主办者体现其意志想法，团体信息公开，并带有专用、权威、公开性质的一种网站，从官网上下载软件安装包是最常用的方法。

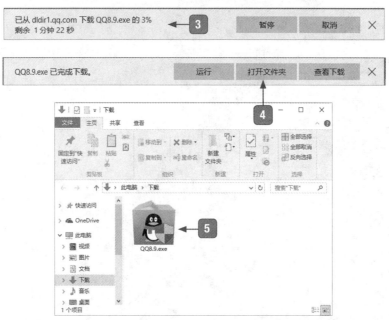

1️⃣ 打开浏览器，输入软件官网地址，按【Enter】键进入软件下载页面。

2️⃣ 单击【立即下载】按钮。

3️⃣ 即可开始下载软件，并显示进度及剩余下载时间。

4️⃣ 单击【打开文件夹】按钮。

5️⃣ 显示的软件安装包。

6.1.2 从应用商店下载

Windows 10 操作系统保留了 Windows 8 的【应用商店】功能，用户可以在【应用商店】获取软件安装包，具体的操作步骤如下。

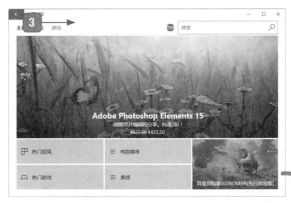

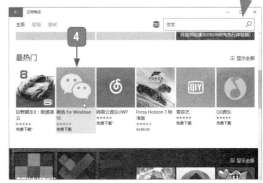

1️⃣ 单击【开始】按钮。

2️⃣ 选择【所有应用】→【应用商店】选项。

3️⃣ 打开【应用商店】窗口。

4️⃣ 选择要下载的软件。

5️⃣ 单击【获取】按钮。

提示：

也可以在搜索框中输入要下载的软件名称，搜索并下载。

113

⑥ 即会提示软件正在开始下载信息。

⑦ 下载完成，并会自动安装，单击【启动】按钮，可打开软件。

6.1.3 软件管家

软件管家是一款一站式下载安装软件、管理软件的平台，软件管家每天提供最新最快的中文免费软件、游戏、主题下载，让用户大大节省寻找和下载资源的时间，这里以 360 软件管家为例，来介绍从软件管家中下载软件的方法。

① 打开【360 安全卫士】，单击【软件管家】图标。

② 选择软件的分类。

③ 在要下载的软件后，单击【下载】按钮。

④ 软件即可下载，并显示
下载进度。

⑤ 下载完成后，按钮变
为【纯净安装】按钮，
单击该按钮直接安装
软件。

6.2 软件的安装

一般情况下，软件的安装过程大致相同，主要分为运行软件的主程序、接受许可协议、选择安装路径和进行安装等几个步骤，有些收费软件还会要求添加注册码或产品序列号等。

① 双击要安装的软件图标。

② 单击【自定义选项】链接。

> **提示：**
> 在安装软件时，建议使用自定义安装，这样可避免一键安装时，安装第三方软件到电脑中，也可安装到指定磁盘目录下。

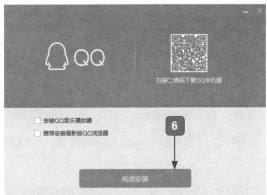

③ 取消选中【开机自动启动】复选框。

④ 单击【立即安装】按钮。

⑤ 软件即可安装，并显示下载进度。

⑥ 单击【完成安装】按钮即可。

6.3 查找安装的软件

软件安装完毕后，用户可以在【此电脑】中查找安装的软件，包括查看所有程序列表、按照程序首字母和数字查找软件等。

6.3.1 查看所有程序列表

在 Windows 10 操作系统中，用户可以很简单地查看所有程序列表，具体的操作步骤如下。

1️⃣ 单击【开始】按钮。

2️⃣ 弹出【开始】屏幕，左侧显示最常用及最近添加的应用列表。

3️⃣ 选择【所有应用】选项。

4️⃣ 打开所有应用列表，即可进行查看和选择。

6.3.2 按数字和程序首字母查找软件

在查找软件时，除了使用程序首行字母外，还可以使用数字查找软件，具体的操作步骤如下。

1 选择【开始】→【所有应用】选项，打开所有应用列表。

2 选择【0-9】选项。

3 弹出数字、字母、拼音的检索表，如单击【C】。

4 即刻转到 C 字母开头的程序列表中。

6.3.3 使用搜索框快速搜索软件

除了上述两种较为常用的方法外，用户还可以使用搜索的方式，快速检索出要使用的软件。

1 单击任务栏中的搜索框。

2 在搜索框中输入要搜索的软件名称。

3 系统会自动检索出与之匹配的软件，单击图标即可打开。

6.4 应用商店的使用

在 Windows 10 操作系统中，用户可以使用应用商店来搜索应用程序、安装免费应用、购买收费应用及打开应用。

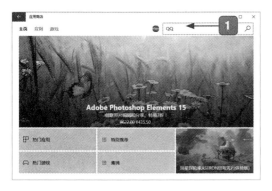 

■ 打开【应用商店】窗口，在搜索框中　　　　■ 即可搜索出相关的应用程序。
输入应用程序名称，按【Enter】键。

6.4.1 安装免费应用

在应用商店中，包含免费和付费两种收费形式的应用，其中免费应用程序详情页中会显示"免费"的字样。

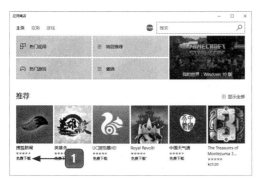 

■【免费下载】字样，单击可进入软件详情页。

■ 单击【获取】按钮，即可免费下载并安装该应用。

6.4.2 安装付费应用

付费应用程序用户需要进行购买才可下载并安装，当购买后，即会绑定到购买的微软账户下，即使更换电脑也可下载到电脑中。

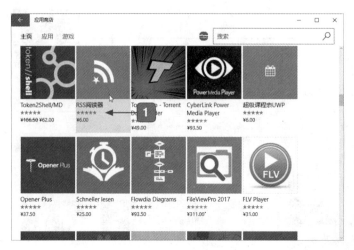

1 选择要下载的应用，其名称下方显示了价格情况。

2 进入应用程序详情页，单击【购买】按钮。

3 输入应用商店的密码。

4 单击【登录】按钮。

5 单击【开始使用！增加一种支付方式】链接。

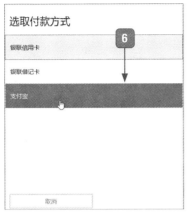

6 选择支付方式，如选择【支付宝】
选项。

7 填写支付宝账户和手机号码。

8 单击【下一步】按钮。

9 输入手机短信收到的 6 位验证码。

10 单击【确定】按钮，即可完成支
付并自动下载和安装应用程序。

6.4.3　查看已购买应用

无论是免费的还是收费的应用程序，都会绑定在微软账户下，供用户随时下载。

1 打开【应用商店】窗口，单击顶部的
账户头像。

2 在弹出的下拉菜单中，选择【我的资
料库】命令。

3 即可看到应用、游戏等，单击【显示
全部】链接。

121

4 显示全部应用列表。

5 单击【下载】按钮。

6 即可直接下载，并显示下载进度。

6.5 软件的更新和升级

软件不是一成不变的，而是一直处于升级和更新状态，特别是杀毒软件的病毒库，一直在升级，下面将分别介绍更新和升级软件的具体方法。

6.5.1 软件的版本更新

所谓软件的更新是指软件版本的更新。软件的更新一般分为自动更新和手动更新两种，下面以更新 QQ 软件为例，来介绍软件更新的一般步骤。

1 启动 QQ，单击界面底部的【主菜单】按钮。

2 在弹出的菜单中选择【软件升级】命令。

3 弹出【QQ 更新】对话框，单击【更新到最新版本】按钮。

 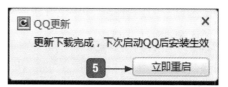

4 显示了软件升级数据下载的进度。

5 升级完成后，窗口右下角弹出提示框，单击【立即重启】按钮。

6 打开【正在安装更新】对话框，显示更新安装的进度。

7 更新安装完成后，自动弹出 QQ 的登录界面，用户可直接使用。

　　检测软件版本是否有版本更新，一般在软件的【设置】对话框中即可找到。除了这种方法外，用户还可以使用软件管家之类的软件，对电脑中安装的软件进行逐个或批量升级，下面是【360 软件管家】的升级方法。

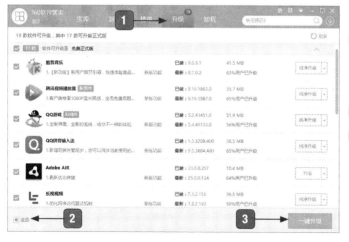

1 打开【360 软件管家】界面，选择【升级】选项卡。

2 选中【全选】复选框。

3 单击【一键升级】按钮即可批量升级。

123

6.5.2　病毒库的升级

　　所谓软件的升级是指软件的数据库增加的过程。对于常见的杀毒软件，常常需要升级病

毒库。升级软件分为自动升级和手动升级两种。下面以升级【360杀毒】软件为例，来介绍
软件升级的两种方法。具体操作步骤如下。

1. 手动升级病毒库

1 启动【360杀毒】软件，单击【检查更新】链接。

2 即可检测网络中的最新病毒库，并显示病毒库升级的进度。

3 提示完成更新后，单击【关闭】按钮即可。

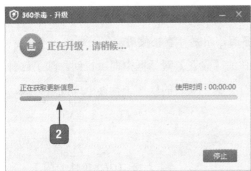

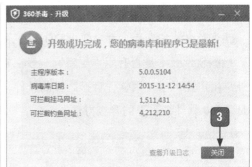

2. 自动升级病毒库

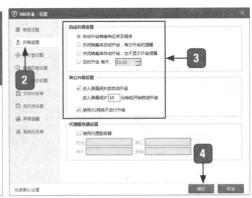

1 启动【360杀毒】软件，选择【设置】选项卡。

2 选择【升级设置】选项。

3 可根据需要进行升级设置。

4 单击【确定】按钮。

6.6 软件的卸载

当安装的软件不再需要时，就可以将其卸载以便腾出更多的空间来安装需要的软件。

6.6.1 在【所有应用】列表中卸载

当软件安装完成后，会自动添加在【所有应用】列表中，如果需要卸载软件，可以在【所有应用】列表中查找是否有自带的卸载程序，下面以卸载 QQ 为例进行讲解。

1 打开所有程序列表，选择【腾讯软件】→【卸载腾讯 QQ】命令。

2 单击【是】按钮。

3 显示卸载的进度。

4 单击【确定】按钮即可。

6.6.2 在【开始】屏幕中卸载

【开始】屏幕是 Windows 10 操作系统的亮点，用户可以在【开始】屏幕中卸载应用，这里以卸载【千千静听】应用为例，来介绍在【开始】屏幕中卸载应用的方法。

1 在【开始】屏幕中右击需要卸载的应用，在弹出的快捷菜单中选择【卸载】选项。

2 弹出【程序和功能】界面，在要卸载
的程序上右击，在弹出的快捷菜单中
选择【卸载/更改】选项。

3 单击【下一步】按钮。

4 卸载完成后，单击【完成】按钮即可。

6.6.3 使用第三方软件卸载

用户还可以使用第三方软件，如【360软件管家】【电脑管家】等米卸载不需要的软件。

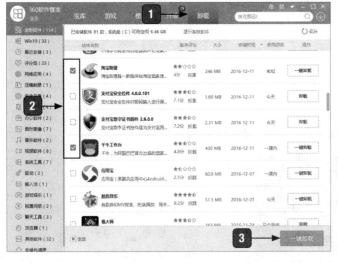

1 打开【360软件管家】界面，
选择【卸载】选项卡。

2 选中要卸载的软件名称前的
复选框。

3 单击【一键卸载】按钮。

4 软件即会进入卸载中，等待
卸载即可。

6.6.4 使用【设置】面板卸载

在 Windows 10 操作系统中，推出了【设置】面板，其中集成了控制面板的主要功能，用户也可以在【设置】面板中卸载软件。

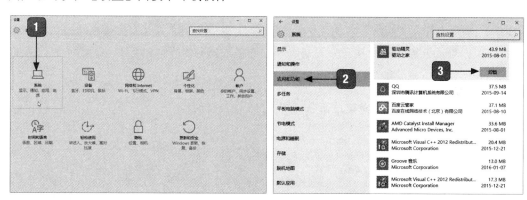

1 按【Windows+I】组合键，打开【设置】面板，单击【系统】图标。

2 选择【应用和功能】选项卡。

3 选择要卸载的程序，单击程序下方的【卸载】按钮。

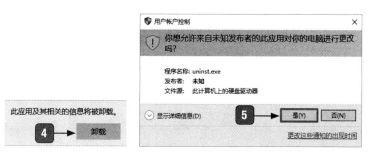

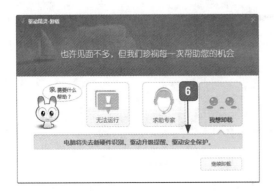

4 弹出提示框，单击【卸载】
　按钮。

5 弹出【用户账户控制】对话
　框，单击【是】按钮。

6 弹出软件卸载界面，用户根
　据提示卸载软件即可。

痛点解析

痛点 1：如何设置默认的应用

小白：大神，我新安装了一个视频播放器，但是打开视频时，还是使用电脑自带的播放器，
　　　　这是怎么回事？

大神：你可以打开新安装的播放器，将视频拖到里面，就可以顺利播放啦。

小白：我知道这种方法，但是没有一劳永逸的方法，让我以后都使用这个播放器吗？

大神：那你可以设置默认的打开方式是新安装的播放器啊，下面给你介绍两种方法，帮你
　　　　解决。

1. 最常用的方法——使用右键菜单命令

① 右击需要修改默认应用的文件，在弹出的快捷菜单中选择【打开方式】→【选择其他应用】命令。

② 选择要打开的默认应用。

③ 选中该复选框。

④ 单击【确定】按钮，即可完成设置。

2. 最便捷的方法——使用【设置】面板

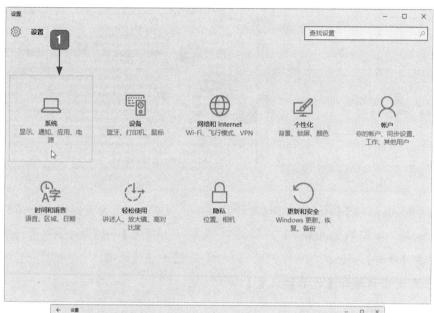

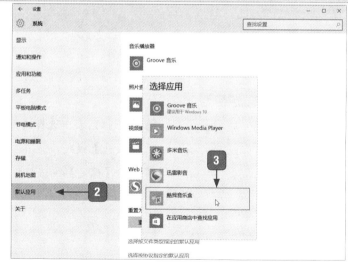

① 按【Windows+I】组合键，打开【设置】面板，单击【系统】图标。

② 选择【默认应用】选项卡。

③ 单击要更改的应用，在弹出的应用列表中选择要设置的默认应用即可。

痛点 2：如何取消软件安装时弹出的"是否允许"对话框

在对电脑安装软件或启动程序时，电脑会默认弹出【用户账户控制】对话框，提示是否对电脑进行更改，用户可以将其取消。

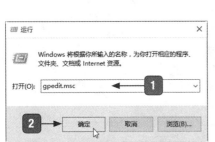

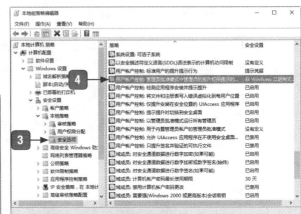

1. 按【Windows+R】组合键，打开【运行】对话框，输入【gpedit.msc】。

2. 单击【确定】按钮。

3. 在左侧窗格选择【计算机配置】→

【Windows 设置】→【安全设置】→【本地策略】→【安全选项】选项。

4. 双击该选项。

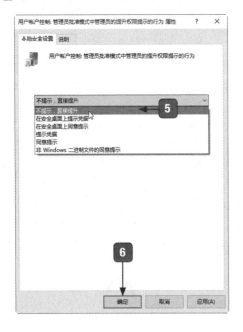

5. 在下拉列表中选择【不提示，直接提升】模式。

6. 单击【确定】按钮即可。

大神支招

问：电脑中的字体不够用，怎么办？

在电脑中装系统时，默认会安装一些常用的字体，但是如果从事设计工作，就会出现字体不够的情况。别人设计好的文件，自己打开会提示缺少字体或者达不到预期的效果，这时就需要再电脑中安装字体。

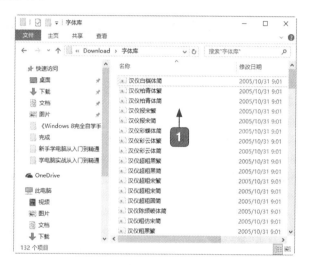

1 下载需要安装的字体。

2 选择要安装的字体并右击。

3 选择【安装】选项。

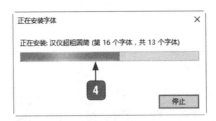

4 即可开始安装字体，并显示安装进度。

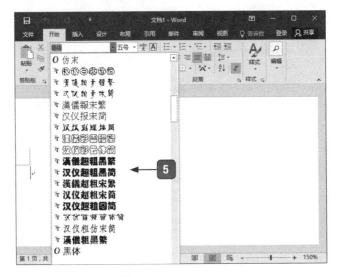

5 安装完成后，即可使用安装的字体。

第7章

>>> 如果你只知道"宽带"，其他网络连接一概不知。

>>> 如果你家中有多台联网设备，一根网线又不知如何分配。

>>> 安装了路由器，又不知道如何管理和设置，让它得心应手。

本章就来告诉你网络连接与管理的秘诀！

网络的连接与管理

7.1 网络的连接方式与配置

目前，网络连接的方式有很多种，主要的联网方式包括 ADSL 宽带上网、小区宽带上网、4G 上网等。

7.1.1 ADSL 宽带上网

使用家庭宽带（ADSL）上网主要包括开通宽带上网、设置客户端和开始上网 3 个步骤。目前，常见的宽带服务商为电信、联通和移动等，申请开通宽带上网一般可以通过两条途径实现。下面介绍如何使用宽带连接上网。

申请 ADSL 服务后，网络服务商工作人员会主动上门安装 ADSL Modem 并配置好上网设置，进而安装网络拨号程序，并设置上网客户端。ADSL 的拨号软件有很多，但使用最多的还是 Windows 系统自带的拨号程序。其安装与配置客户端的具体操作步骤如下。

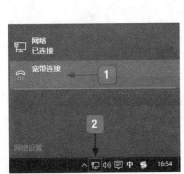

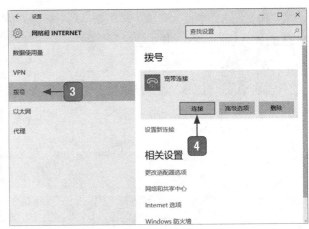

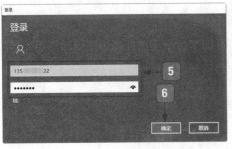

1 单击状态栏的【网络】按钮。　　　　**2** 在弹出的界面选择【宽带连接】选项。

③ 弹出【网络和 INTERNET】设置窗口，选择【拨号】选项。

④ 选择【宽带连接】选项，并单击【连接】按钮。

⑤ 输入服务商提供的用户名和密码。

⑥ 单击【确定】按钮。

⑦ 显示网络正在连接，连接完成即可看到已连接的状态。

7.1.2 小区宽带上网

小区宽带上网的申请比较简单，用户只需携带自己的有效证件和本机的物理地址到小区物业管理处申请即可。一般情况下，物业网络管理处的人员为了保证整个网络的安全，会给小区的业主一个固定的 IP 地址、子网掩码及 DNS 服务器。

对于业主，在申请好上网的账号后，还需要在自己的电脑中安装好网卡和驱动程序，然后将网线插入电脑中的网卡接口中，接下来还需要设置上网的客户端。不同的小区宽带上网方式及其设置也不尽相同。下面介绍不同小区宽带上网方式。

1. 使用账号和密码上网

如果服务商提供上网账号和密码，用户只需将服务商接入的网线连接到电脑上，在【登录】对话框中输入账户和密码，即可连接上网。

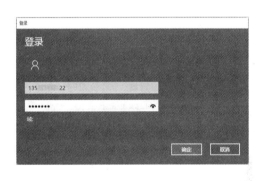

2. 使用 IP 地址上网

如果服务商提供 IP 地址、子网掩码及 DNS 服务器，用户需要在本地连接中设置 Internet（TCP/IP）协议，具体步骤如下。

① 右击【网络】图标。

② 选择【打开网络和共享中心】选项。

③ 单击【以太网】超链接。

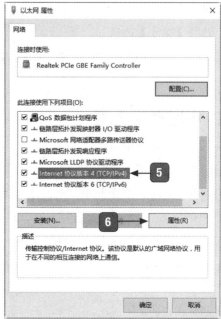

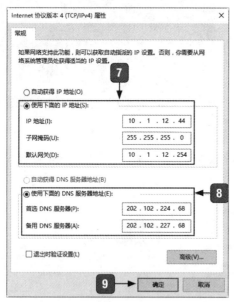

4 单击【属性】按钮。

5 选中【Internet 协议版本 4（TCP/IPv4）】复选框。

6 单击【属性】按钮。

7 选中【使用下面的 IP 地址】单选按钮，输入服务商提供的 IP 地址。

8 输入 DNS 服务器地址。

9 单击【确定】按钮，即可完成设置。

136

3. 使用 MAC 地址上网

如果小区或单位提供 MAC 地址，用户可以使用以下步骤进行设置。

 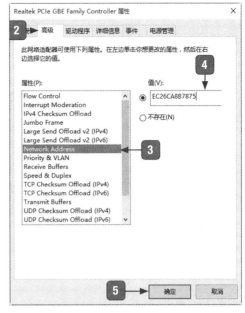

1 在【以太网 属性】对话框中单击【配置】按钮。

2 选择【高级】选项卡。

3 在【属性】列表中选择【Network Address】选项。

4 在【值】文本框中输入 12 位 MAC 地址。

5 单击【确定】按钮，即可完成设置。

7.2 组建家庭或小型办公局域网

随着笔记本电脑、手机、平板电脑等便携式电子设备的日益普及和发展，有线连接已不能满足工作和家庭需要，无线局域网不需要布置网线就可以将几台设备连接在一起。

7.2.1 硬件的搭建

在组建无线局域网之前，要将硬件设备搭建好。

首先，通过网线将电脑与路由器连接，将网线一端接入电脑主机后的网孔内，另一端接入路由器的任意一个 LAN 口内。

其次，通过网线将 ADSL Modem 与路由器连接，将网线一端接入 ADSL Modem 的 LAN 口内，另一端接入路由器的 WAN 口内。

最后，将路由器自带的电源插头连接电源即可，此时即完成了硬件搭建工作，如下图所示。

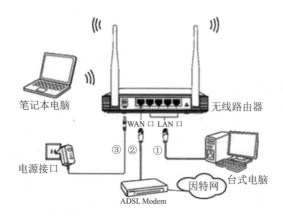

笔记本电脑　　无线路由器

WAN □ LAN □

电源接口　　③②　①　　台式电脑

因特网

ADSL Modem

7.2.2 使用电脑配置路由器

使用电脑配置无线路由器的操作步骤如下。

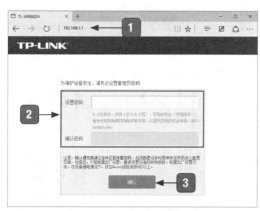

1 打开 IE 浏览器，在地址栏中输入"192.168.1.1"，按【Enter】键，进入路由器管理页面。

2 初次使用时，需要设置管理员密码，

在文本框中输入密码和确认密码。

3 单击【确认】按钮。

4 选择左侧的【设置向导】选项。

5 单击【下一步】按钮。

> **提示：**
>
> 　　不同路由器的配置地址不同，可以在路由器的背面或说明书中找到对应的配置地址、用户名和密码。部分路由器，输入配置地址后，弹出对话框，要求输入用户名和密码，此时，可以在路由器的背面或说明书中找到，输入即可。
>
> 　　另外用户名和密码可以在路由器管理界面的【系统工具】→【修改登录口令】中设置。如果遗忘，可以在路由器开启的状态下，长按【RESET】按钮恢复出厂设置，登录账户名和密码恢复为原始密码。

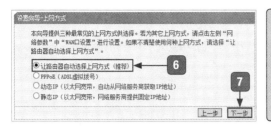

提示：

PPPoE 是一种协议，适用于拨号上网；而动态 IP 每连接一次网络，就会自动分配一个 IP 地址；静态 IP 是运营商提供的固定的 IP 地址。

6 选中【让路由器自动选择上网方式（推荐）】单选按钮。

7 单击【下一步】按钮。

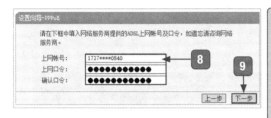

提示：

此处的用户名和密码是指在开通网络时，运营商提供的用户名和密码。如果账户和密码遗忘或需要修改密码，可联系网络运营商找回或修改密码。若选用静态 IP 所需的 IP 地址、子网掩码等都由运营商提供。

8 如果检测为拨号上网，则输入账号和口令。

9 单击【下一步】按钮。

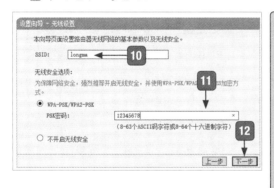

提示：

用户也可以在路由器管理界面，选择【无线设置】选项进行设置。

SSID：无线网络的名称，用户通过 SSID 号识别网络并登录。

WPA-PSK/WPA2-PSK：基于共享密钥的 WPA 模式，使用安全级别较高的加密模式。在设置无线网络密码时，建议优先选择该模式，不选择 WPA/WPA2 和 WEP 这两种模式。

10 输入无线网络名称。

11 选中【WPA-PSK/WPA2-PSK】单选按钮，在【PSK 密码】文本框中设置 PSK 密码。

12 单击【下一步】按钮。

139

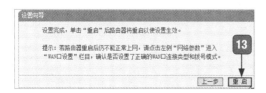

13 单击【重启】按钮，重启路由器完成设置。

7.2.3 使用手机或平板电脑配置路由器

在没有电脑的情况下，用户还可以使用手机或平板电脑等，对无线路由器进行配置。

7.2.4 将电脑接入 Wi-Fi

无线网络开启并设置成功后，其他电脑需要搜索设置的无线网络名称，然后输入密码，连接该网络即可。

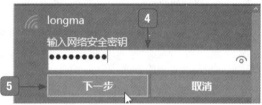

1 单击电脑任务栏中的无线网络图标。

2 单击需要连接的网络名称，在展开项中，选中【自动连接】复选框。

3 单击【连接】按钮。

4 输入在路由器中设置的无线网络密码。

5 单击【下一步】按钮。

6 密钥验证成功后，即可连接网络，该网络名称下，则显示【已连接，安全】字样，任务栏中的网络图标也显示为已连接样式。

7.2.5 将手机接入 Wi-Fi

无线局域网配置完成后，用户可以将手机接入 Wi-Fi，从而实现无线上网，手机接入 Wi-Fi 的操作步骤如下。

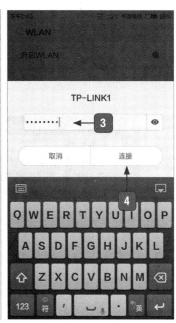

1 进入手机【设置】界面，点击 WLAN 右侧的【已关闭】项。

2 开启 WLAN，搜索周围可用的 WLAN。

3 选择要连接的网络，弹出输入密码对话框，输入无线网密码。

4 点击【连接】按钮。

5 显示【已连接】字样，表示手机已接入 Wi-Fi。

7.2.6 添加电脑有线网络接入

有线网络与无线网络相比，有着更强的稳定性，对于台式机，在满足连接条件的情况下，建议使用网线接入网络。如果无线网络已配置好，修改一下电脑端的配置，即可用电脑上网。

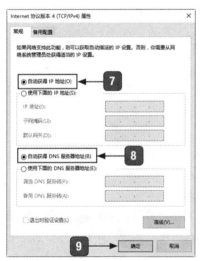

1 右击【网络】图标。

2 选择【打开网络和共享中心】选项。

3 单击【以太网】超链接。

4 单击【属性】按钮。

5 选中【Internet 协议版本 4（TCP/IPv4）】复选框。

6 单击【属性】按钮。

7 选中【自动获得 IP 地址】单选按钮。

8 选中【自动获得 DNS 服务器地址】单选按钮。

9 单击【确定】按钮，即可完成设置。

7.3 管理路由器

路由器是组建局域网中不可缺少的设备，尤其是在无线网络普遍应用的情况下，路由器的安全更是不可忽略。用户通过设置路由器管理员密码、修改路由器 WLAN 设备的名称、关闭路由器的无线广播功能等方式，可以提高局域网的安全性。

7.3.1 修改和设置管理员密码

路由器的初始密码比较简单，为了保证局域网的安全，一般需要修改或设置管理员密码。

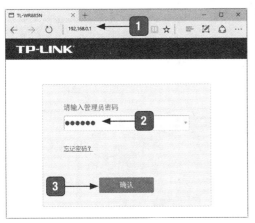 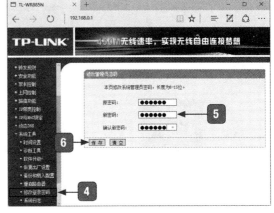

① 打开 IE 浏览器，在地址栏中输入 "192.168.0.1"，按【Enter】键，进入路由器管理页面。

② 输入设置的管理员密码。

③ 单击【确认】按钮。

④ 选择【系统工具】→【修改登录密码】选项。

⑤ 输入原密码及新密码。

⑥ 单击【保存】按钮，即可完成修改。

> **提示：**
>
> 如果忘记管理员密码，长按路由器上的【RESET】按钮恢复出厂设置，登录账户名和密码恢复为原始密码。

7.3.2 修改 Wi-Fi 名称和密码

Wi-Fi 的名称通常是指路由器当中 SSID 号的名称，该名称可以根据自己的需要进行修改。

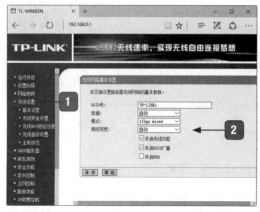 

1 打开路由器后台管理页面，选择【无线设置】→【基本设置】选项。

2 显示当前网络参数情况。

3 在【SSID 号】后面的文本框中输入新无线网名称。

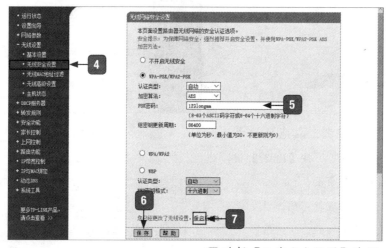

4 选择【无线安全设置】选项。

5 在【PSK 密码】文本框中输入新密码。

6 单击【保存】按钮。

7 单击【重启】链接。

8 单击【重启路由器】按钮，将路由器重启即可。

7.3.3 防蹭网设置：关闭无线广播

路由器的无线广播功能在给用户带来方便的同时，也给用户带来了安全隐患，因此，在不用无线功能时，要将路由器的无线功能关掉。

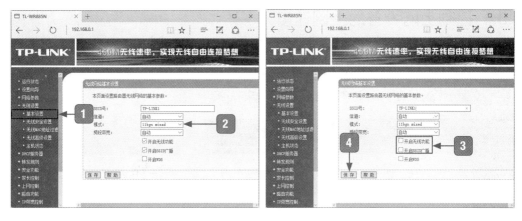

1️⃣ 打开路由器后台管理页面，选择【无线设置】→【基本设置】选项。

2️⃣ 显示当前网络参数情况。

3️⃣ 取消选中【开启无线功能】和【开启 SSID 广播】两个复选框。

4️⃣ 单击【保存】按钮，即可关闭路由器的无线广播功能。

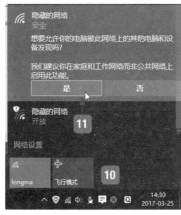

5️⃣ 单击电脑任务栏中的无线网络图标⬛。

6️⃣ 在弹出的无线网名称列表中，单击【隐藏的网络】项，并在文本框中输入无线网名称。

7️⃣ 单击【下一步】按钮。

8️⃣ 输入无线网络密码。

9️⃣ 单击【下一步】按钮。

🔟 账户和密码输入正确后，会自动连接网络。

11️⃣ 在弹出的提示框中，单击【是】按钮即可。

7.3.4 控制上网设备的上网速度

在局域网中所有的终端设备都是通过路由器上网的，为了更好地管理各个终端设备的上网情况，管理员可以通过路由器控制上网设备的上网速度。

1 打开路由器后台管理页面，选择【IP带宽控制】选项。

2 单击【添加新条目】按钮。

提示：

在 IP 带宽控制界面，选中【开启 IP 带宽控制】复选框，然后设置宽带线路类型、上行总带宽和下行总带宽。

宽带线路类型：如果上网方式为 ADSL 宽带上网，选择【ADSL 线路】即可，否则选择【其他线路】。下行总带宽是通过 WAN 口可以提供的下载速度；上行总带宽是通过 WAN 口可以提供的上传速度。

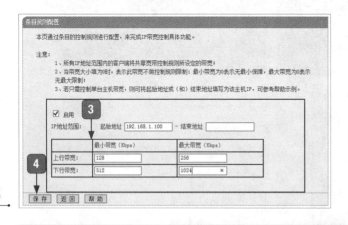

3 设置 IP 地址段、上行带宽和下行带宽，如图设置则表示分配给局域网内 IP 地址为 192.168.1.100 的计算机的上行带宽最小 128Kbps、最大 256Kbps，下行带宽最小 512Kbps、最大 1024Kbps。

4 单击【保存】按钮。

提示：

如果不知道所处局域网的 IP 地址段是多少，可以选择路由器管理界面中的【DHCP 服务器】选项，可以查看 IP 起始地址和结束地址。

5 如果要设置连续 IP 地址段，如图所示，设置了 101~103 的 IP 段，表示局域网内 IP 地址为 192.168.1.101~192.168.1.103 的三台计算机的带宽总和为上行带宽最小 256Kbps、最大 512Kbps，下行带宽最小 1024Kbps、最大 2048Kbps。

6 单击【保存】按钮。

7 返回到 IP 宽带控制界面，即可看到添加的 IP 地址段。

痛点解析

痛点 1：如何测试当前电脑网速的快慢

网速的快慢一直是用户较为关心的，在日常使用中，可以自行对带宽进行测试。

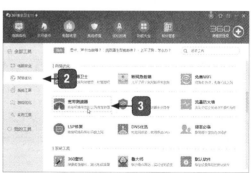

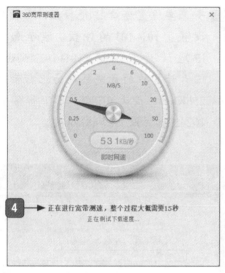 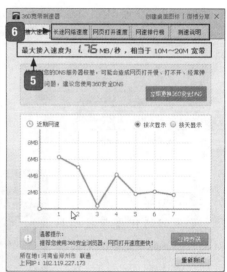

启动 360 安全卫士，单击【功能大全】图标。

选择【网络优化】选项卡。

单击【宽带测速器】图标。

软件即会进行网络测速。

显示网络速度情况。

选择顶部的选项卡，可测试长途网络、网页打开速度情况。

痛点 2：如何将电脑的有线网络转换为无线网络

小白：大神，我没有路由器，据说可以将电脑的有线网络转换为无线网络供手机使用？

大神：是的，不过你的电脑必须有无线网卡才行。

小白：怎么判定有没有无线网卡呢？

大神：一般笔记本电脑自带无线网卡的，而台式电脑不带无线网卡，可以单独购买 USB 的迷你网卡，不仅可以分享网络，还可以连接无线网络。

1 启动 360 安全卫士，单击【功能大全】图标。

2 选择【网络优化】选项卡。

3 单击【免费 WiFi】图标。

4 即会下载该工具，并显示下载进度。

5 下载完成后，自动创建 Wi-Fi。

6 如果修改 Wi-Fi 名称和密码，在文本框中进行修改。

7 单击【保存】按钮。

8 弹出提示框，单击【我知道了】按钮。

9 返回到工具界面，选择【已连接的手机】选项卡。

10 可对连接的设备进行管理。

 大神支招

问：电脑网络偶尔会出现网络不通，有简单的修复网络的方法没？

连接网络时，偶尔会出现网页打不开等电脑不能上网情况，说明此时电脑与网络连接不通，这时就需要诊断和修复网络。

1 在【开始】按钮上单击鼠标右键，选择【网络连接】选项。

2 在要诊断的网络图标上单击鼠标右键，在弹出的快捷菜单中选择【诊断】选项。

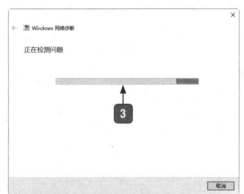

3 即可诊断网络，并显示进度。

4 诊断完成，显示结果。

5 单击【尝试以管理员身份进行这些修复】连接。

6 即可开始修复。

7 修复完成，显示修复结果，之后便可尝试能否连接网路。

08

Chapter

第 8 章

网上生活与购物

>>> 万千的网络世界，你想不想知道是如何上网的？

>>> 网上的有用信息如何下载到电脑上呢？

>>> 还不会网上购物，你就 OUT 了，想不想知道如何在网上购买商品呢？

本章就来告诉你如何使用浏览器搜索、查询信息、下载有用信息及网上购物！

8.1 开始上网

电脑接入网络后，就可以开启网络之旅。

8.1.1 启动网页浏览器

启动网页浏览器有多种方法，用户可以根据习惯，选择启动方法。

1. 最常用的方法——双击桌面快捷方式

2. 最便捷的方法——使用快速启动栏

另外，如果桌面和快速启动栏没有浏览器图标，可以在【所有应用】列表中启动网页浏览器。

① 单击【开始】按钮。
② 选择【所有应用】→【Microsoft Edge】
选项，即可启动。

8.1.2 熟悉浏览器界面

启动浏览器后，会出现如下图所示的界面，主要由标签栏、网页窗口和功能栏三部分组成。

1 标签栏。　　　　**2** 功能栏。　　　　**3** 网页窗口。

1. 标签栏

在标签栏中显示了当前打开的网页标签，如上图显示了百度的网页标签，单击【新建标签页】按钮 **＋**，即可新建一个标签页，如下图所示。单击【自定义】按钮 ⚙ 可以编辑新标签页的打开方式。

2. 功能栏

在功能栏中包含了前进、后退、刷新、主页、地址栏、阅读视图、收藏、中心、做 Web 笔记、共享 Web 笔记和更多功能按钮。单击【更多】按钮····，即可打开其他功能选项菜单，如下图所示。

3. 网页窗口

网页窗口是指用于显示网页内容的地方。

8.1.3 打开网页

打开网页的方法主要有以下两种。

1. 使用地址栏

1 在地址栏中输入要打开网页的网址，按【Enter】键。

2 新网页即被打开。

2. 使用超链接

在网页上，一般有凸出立体感的按钮、有下画线的文字及特别的图案都有可能包含网页超级链接，单击这些链接可打开相应的网页。

1 将鼠标指针放到超链接上，此时鼠标指针变为小手形状，单击该链接。

2 链接的网页即被打开。

8.1.4 网页操作技巧

在浏览网页时，可以借助浏览器提供的工具，使浏览网页变得得心应手。

1. 连接到最近访问过的网页

在浏览网页过程中，如果打开了多个网页，想退回去看上一个网页，可以使用功能栏上的【后退】按钮←或【前进】按钮→进行操作。

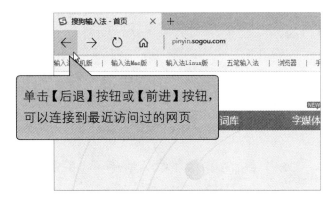

单击【后退】按钮或【前进】按钮，可以连接到最近访问过的网页

2. 自定义浏览器主页

用户可以将喜爱的或常用的网页自定义为浏览器主页，以后每次启动 IE 浏览器都会首先打开它。

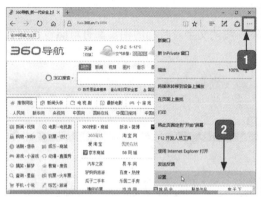

1️⃣ 单击【更多】按钮。

2️⃣ 选择【设置】选项。

3️⃣ 在【设置】面板中，单击【高级设置】区域下的【查看高级设置】按钮。

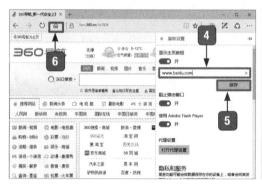

4️⃣ 输入自定义的网址。　　　　　　　6️⃣ 单击【主页】按钮。

5️⃣ 单击【保存】按钮。　　　　　　　7️⃣ 即可进入新的浏览器主页。

3. 刷新网页

　　如果某个网页打开卡顿、页面没有响应或者出现页面错误，可以单击【刷新】按钮或按【F5】键，让页面重新加载一遍，且不需要再次输入网页网址。如下图所示，页面打开后，内容空白。

1 单击【刷新】按钮，重新加载页面。

2 网页正常加载显示内容。

4. 查看网页历史记录

在浏览器历史记录中，不仅可以查看浏览网页的记录情况，而且可以通过记录列表，快速打开其中的网页。

1 单击【中心】按钮 ☰。

2 单击【历史记录】按钮。

3 显示的历史记录列表，选择列表中的选项。

4 即可打开链接的网页。

8.1.5 收藏网页

在浏览网页的过程中，如果遇到有用的网页，希望下次快速打开网页，可以将其保存到浏览器的收藏夹中。

1 在要收藏的网页中，单击页面中的【添加到收藏夹或阅读列表】按钮或按【Ctrl+D】组 合键。

2 在【名称】文本框中可以设置收藏网页的名称，在【保存位置】文本框中可以设置网页收藏时保存的位置。

3 单击【添加】按钮。

4 单击【中心】按钮。

5 单击【收藏夹】按钮。

6 即可看到收藏的网页信息，也可以在该页面删除或管理网页。

8.2 网络资源搜索

网络中的资源极多，用户要想寻找自己需要的资料，就需要进行网络搜索。本节就来介绍如何进行网络大搜索。

8.2.1 认识常用的搜索引擎

目前常见的搜索引擎有很多种，比较常用的有百度搜索、Google 搜索、搜狗搜索等，下面分别进行介绍。

1. 百度搜索

百度是最大的中文搜索引擎，在百度网站中可以搜索页面、图片、新闻、MP3 音乐、百科知识、专业文档等内容，下图所示的是百度搜索引擎的首页。

2. 搜狗搜索

搜狗是全球首个第三代互动式中文搜索引擎，其网页收录量已达到 100 亿，并且，每天以 5 亿的速度更新，凭借独有的 SogouRank 技术及人工智能算法，搜狗为用户提供最快、最准、最全面的搜索资源。下图所示的就是搜狗搜索引擎的首页。

3.360 搜索

360 搜索，又称为好搜，是基于机器学习技术的第三代搜索引擎，具备"自学习、自进化"能力，发现用户最需要的搜索结果，而不会被垃圾信息蒙蔽，具有一定的安全性，搜索内容完整，下图所示的是 360 搜索引擎的首页。

8.2.2 搜索信息

使用搜索引擎可以搜索很多信息，如网页、图片、音乐、百科知识、专业文档等，用户所遇到的问题几乎都可以进行搜索。

1. 搜索网页

搜索网页可以说是百度最基本的功能，在百度中搜索网页的具体操作步骤如下。

1. 在地址栏中输入"www.baidu.com"，按【Enter】键。

2. 在百度搜索文本框中输入想要搜索网页的关键字，如输入【蜂蜜】。

3. 即可进入【蜂蜜_百度搜索】页面，单击需要查看的网页，如这里单击【蜂蜜 百度百科】超链接。

④ 即可打开【蜂蜜 百度百科】页面，在其中可以查看有关"蜂蜜"的详细信息。

2. 搜索图片

使用百度搜索引擎搜索图片的具体操作步骤如下。

① 打开百度首页。

② 单击【更多产品】链接。

③ 在弹出的列表中单击【图片】图标。

④ 输入想要搜索图片的关键字，如输入"玫瑰"。

⑤ 单击【百度一下】按钮。

⑥ 打开有关"玫瑰"的图片搜索结果，选择自己喜欢的玫瑰图片。

⑦ 即可以大图方式显示该图片。

8.3 下载网络资源

网络就像一个虚拟的世界，在网络中用户可以搜索到几乎所有的资源，当自己遇到想要保存的数据时，就需要将其从网络中下载到自己的电脑硬盘中。

8.3.1 下载网页上的图片

图片是组成网页的主要元素之一。在浏览网页时，如果遇到比较漂亮的图片，用户可以将其下载并保存起来，以便以后欣赏和使用。

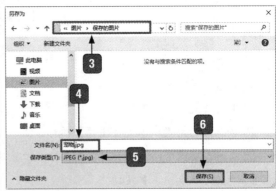

① 打开一个存在图片的网页，在图片的任意位置右击。

② 在弹出的快捷菜单中选择【将图片另存为】命令。

③ 选择存放路径。 ④ 命名文件的名称。

⑤ 选择保存的图片类型。　　　　　　　　⑥ 单击【保存】按钮，即可保存图片。

8.3.2　保存网页上的文字

用户在浏览网页时，不仅可以保存整个网页，还可以将网页的部分内容（文本或图像）下载下来。下载网页中的文本的具体操作步骤如下。

① 打开一个包含文本信息的网页，选中需要复制的文本信息，单击鼠标右键。

② 在弹出的快捷菜单中选择【复制】选项，或者按【Ctrl+C】组合键复制。

③ 打开记事本应用，将复制的网页文本信息粘贴到记事本中。选择【文件】→【保存】
选项，将网页中的文本信息保存起来。

8.3.3　使用迅雷下载工具

使用迅雷下载工具几乎可以下载网络资源中的各种文件，如电影、音乐、软件等。不过，要想使用迅雷下载工具下载网络资源，首先要做的是安装迅雷工具到本台电脑中，然后再搜索想要下载的网络资源。

1 下载并安装迅雷，在需要下载的页面中单击下载链接，如这里单击【普通下载】链接。

3 单击【下载】按钮右侧的下拉按钮，在弹出的下拉列表中选择【迅雷】选项。

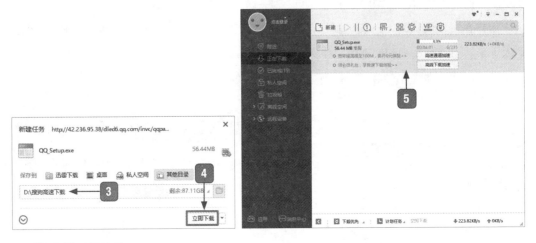

3 选择下载路径。

4 单击【立即下载】按钮。

5 下载的文件即会显示在【正在下载】列表中，并显示进度。

6 下载完成后，在【已完成】列表中查看已下载的内容。

7 单击【运行】按钮，可以打开下载的内容。单击【目录】按钮，可以打开文件所在的
文件夹。

8.4 生活信息查询

随着网络的普及、人们生活节奏的加快，现在很多生活信息都可以足不出户在网上进行查询，就天气预报来说，再也不用守时守点地听广播或看电视了。

8.4.1 查看日历

日历用于记载日期等相关信息，用户如果想要查询有关日历的信息，不用再去找日历本了，则可以在网上进行查询。

1 打开百度首页，在搜索文本框中输入"日历"。

2 即可搜索并显示日历的信息。

3 单击【3月】右侧的下拉按钮。

④ 选择要查询的月份，如【10月】。

⑤ 即可显示指定的月份。

8.4.2 查看天气

天气关系着人们的生活，尤其在出差或旅游时一定要知道所到地当天的天气如何，这样才能有的放矢地准备自己的衣物，以搜索北京天气预报为例介绍操作步骤。

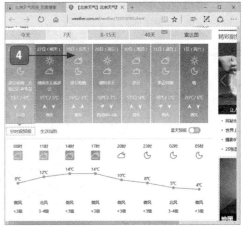

① 打开百度首页，在搜索文本框中输入【北京天气预报】。

② 即可搜索并显示天气预报的信息。

③ 单击【北京天气预报_周天气预报_中国天气网】超链接。

④ 即可在打开的页面中查看北京最近一周的天气，包括气温、风向等。

除了可以利用百度进行查询天气外，QQ 登录窗口中也为用户列出了实时天气情况及最近 3 天的天气预报。登录 QQ，然后将鼠标指针放置在 QQ 登录窗口右侧的天气预报区域，这时会在右侧弹出天气预报面板，在其中列出了 QQ 登录地最近 3 天的天气预报。

8.4.3 查看地图

地图在人们的日常生活中是必不可少的，尤其在出差、旅游时，查询地图自然少不了。

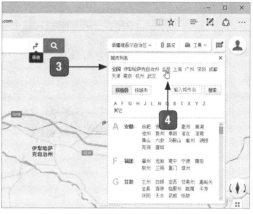

1️⃣ 打开浏览器，输入百度地图地址"map.baidu.com"，按【Enter】键。

2️⃣ 打开地图页面后，显示了当前城市的平面地图。

3️⃣ 单击展开城市列表。

4️⃣ 打开【城市列表】列表框，可以选择想要查看的其他城市的地图，如单击【北京】超链接。

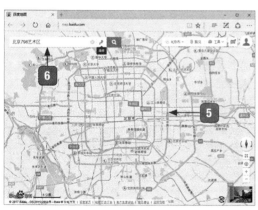

5️⃣ 即可显示北京的平面地图。

6️⃣ 输入要搜索的地址，按【Enter】键。

7️⃣ 即可显示相关的目的地列表，选择准确的目的地地址。

8 即可放大显示详细地址信息。

8.4.4 查询车票信息

在出差、旅游及探亲时,如果没有列车车次时刻表,或者是列车车次时刻表已经过期,那么就可以在网上进行查询列车时刻表。

1 启动浏览器,输入火车票查询网站的网址"http://www.12306.cn"。

2 单击页面左侧的【余票查询】超链接。

3 选择【出发地】【目的地】及出发日期。

4 单击【查询】按钮。

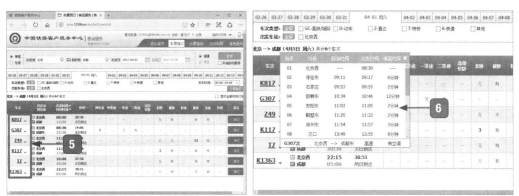

5 即可显示符合条件的列车车次。

6 单击车次链接，即可弹出该车次详细信息。

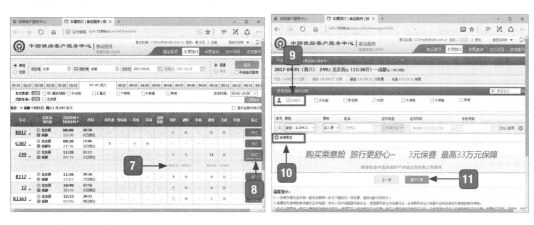

169

7 单击座位类型下方的数字，展开该车次的票价信息。

8 单击【预订】按钮。

⑨ 即可提示登录网站，并选中要订票的乘客前面的复选框。

⑩ 如果联系人中无乘客信息，可单击【新增乘客】链接。

⑪ 确定乘车信息无误后，单击【提交订单】按钮，即可付款购买车票。

8.5 网上购物

网上购物就是通过互联网检索商品信息，并通过电子订购单发出购物请求，然后进行网上支付，厂商通过邮购的方式发货，或者通过快递公司送货上门。

8.5.1 在淘宝网购物

要想在淘宝网上购买商品，首先要注册一个账号，才可以以淘宝会员的身份在其网站上进行购物，下面介绍如何在淘宝网上注册会员并购买物品。

① 输入"http://www.taobao.com"，打开淘宝网首页。

② 单击页面左上角的【免费注册】超链接。

③ 打开【注册协议】页面，单击【同意协议】按钮。

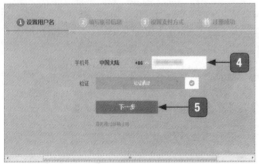

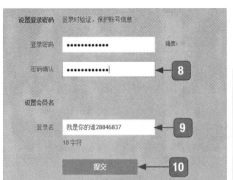

4 输入注册手机号码。

5 单击【下一步】按钮。

6 输入手机收到的验证码。

7 单击【确认】按钮。

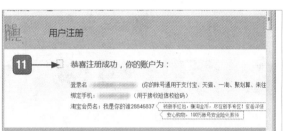

8 输入登录密码并再次输入确认密码。

9 输入会员名。

10 单击【提交】按钮。

11 提示注册成功。

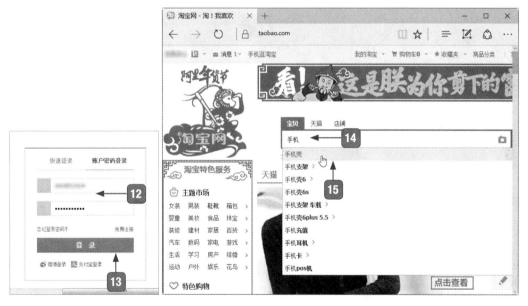

12 返回到首页，单击【登录】超链接，打开淘宝网用户登录界面，输入淘宝网的账号与登录密码。

13 单击【登录】按钮。

14 登录成功后，在搜索文本框中输入自己想要购买商品名称的关键词。

15 在关键词联想列表中，选择目标关键词。

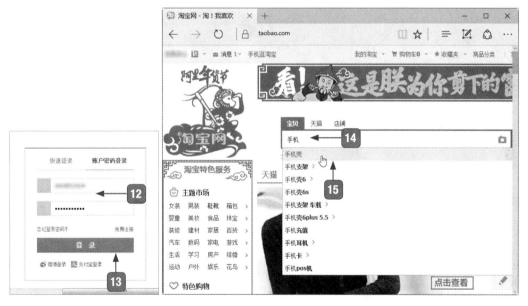

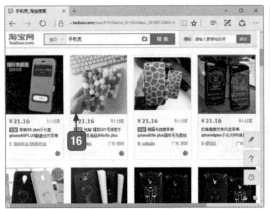

16 显示搜索结果。

17 选择符合需求的产品属性，如颜色、数量，单击【立即购买】按钮。

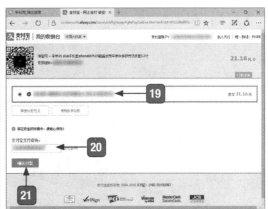

18 设置收货人的详细信息和运货方
式，单击【提交订单】按钮。

19 选择支付银行。

20 输入支付密码。

21 单击【确认付款】按钮。

22 提示成功付款后，即已完成购物，
等待商家发货即可。

8.5.2 在京东网购物

京东商城是以电子类商品为主要特色的综合性购物网站，自营商品支持货到付款，为广大用户提供便利的高品质网购专业平台。

1 输入京东商城的网址"http://www.jd.com"，进入京东首页。

2 单击【登录】超链接。

3 输入账号和密码。

4 单击【登录】按钮。

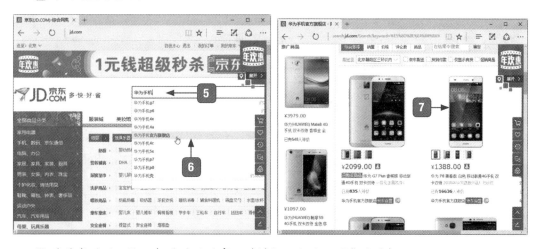

5 登录成功后，输入想要购买的商品关键词，如输入"华为手机"。

6 选择相关的选项，这里选择【华为手机官方旗舰店】。

7 在显示的商品信息列表中，单击要购买商品名称下方的链接。

8 进入商品的详细信息界面，选择商品的属性信息，如颜色、型号等。

9 单击【加入购物车】按钮。

10 单击【去购物车结算】按钮。

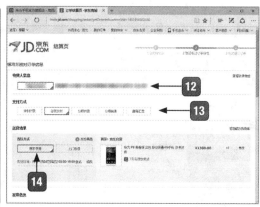

11 如果商品信息及数量没有问题，单击【去结算】按钮。

12 设置收货人信息。

13 选择支付方式。

14 选择商品的配送方式。

15 选择银行卡并设置信息后，单击【立即支付】按钮即可完成购物。

痛点解析

痛点：如何删除上网记录

小白： 大神，在上网浏览网页时会不会留下我的浏览记录？

大神： 在浏览器【历史记录】中可以查询的。

小白： 那我的浏览足迹不就暴露无遗了。有没有办法保护我的浏览隐私呢？

大神： 这很简单，你可以尝试下面的方法，删除上网记录，这样信息就相对安全了。

① 打开浏览器，单击【中心】按钮。

② 单击【历史记录】按钮。

③ 如果删除单个浏览记录，单击网址后面的【删除】按钮。

④ 如果删除全部浏览记录，单击【清除

所有历史记录】按钮。

⑤ 选中要删除的浏览记录复选框，默认选中前3个复选框。

⑥ 单击【清除】按钮即可。

大神支招

问：浏览器中经常会有网页广告弹窗，能否屏蔽掉？

　　某些浏览器具有屏蔽广告弹窗的功能，使用该功能可以屏蔽掉网页广告弹窗，下面以 Internet Explorer 11 浏览器为例介绍。

1 在 IE 11 浏览器的工作界面中选择【工具】→【启用弹出窗口阻止程序】菜单命令。

2 单击【是】按钮，即可启用弹出窗口阻止功能。

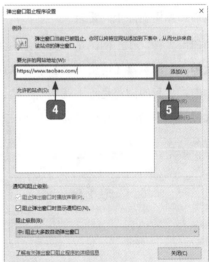

3 再次选择【工具】→【弹出窗口阻止程序】→【弹出窗口阻止程序设置】菜单命令。

4 在【要允许的网站地址】文本框中输入允许的网站地址。

5 单击【添加】按钮。

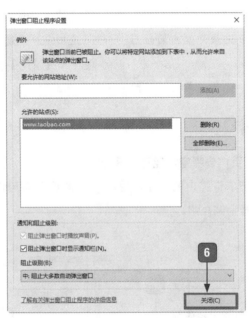

6 单击【关闭】按钮。

第9章

>>> 羡慕别人能用电脑修出精美的照片，想美化照片却不知如何下手？

>>> 想用电脑听听音乐、看看电影，却不知道如何使用？

>>> 别人都在用电脑玩游戏，自己却一无所知？

本章就来告诉你如何玩转电脑多媒体休闲娱乐！

多媒体的休闲娱乐

9.1 查看和编辑图片

　　Windows 10 操作系统自带的照片功能给用户带来了全新的数码体验，该软件提供了高效的图片管理、数码照片管理、编辑、查看等功能。

9.1.1 查看图片

　　在 Windows 10 操作系统中，默认的看图工具是"照片"应用，查看图片的具体操作步骤如下。

1 打开图片所在的文件夹。

2 双击要查看的图片。

3 即可打开"照片"应用查看图片。

4 单击 → 按钮，可以切换至下一张照片。

5 单击【放映幻灯片】按钮或按【F5】键。

提示：
　　按住【Alt】键的同时，向上或向下滚动鼠标滚轮，可以向上或向下切换照片。

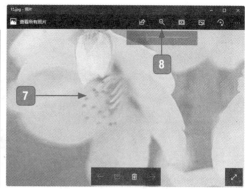

6 即可以幻灯片的形式查看照片，照片上无任何按钮，且自动切换并播放该文件夹内的照片。

7 按【Esc】键退出幻灯片浏览。

8 单击 ⊕ 按钮，可以放大显示照片，且弹出控制器，可以拖曳滑块，调整照片大小。

9 当再次单击 ⊖ 按钮，可以将照片恢复到原始比例。

10 单击【全屏】按钮或按【F11】键，可全屏查看照片；当再次单击【全屏】按钮，可退出全屏显示。

提示:

　　按住【Ctrl】键的同时，向上或向下滚动鼠标滚轮，可以放大或缩小照片大小比例。按【Ctrl+1】组合键为实际大小显示照片；按【Ctrl+0】组合键为适应窗口大小显示照片。另外，双击照片可放大或缩小照片大小。

9.1.2 旋转图片

在查看图片时，如果发现照片显示颠倒，可以通过【旋转】按钮调整照片的显示。

1 打开要旋转的图片，单击【旋转】按钮或按【Ctrl+R】组合键。

2 即会逆时针旋转 90°，再次单击则再次旋转，直至旋转为合适的方向即可。

9.1.3 裁剪图片

在编辑图片时，为了突出图片主体，可以将多余的图片留白进行裁剪，以达到更好的效果。

 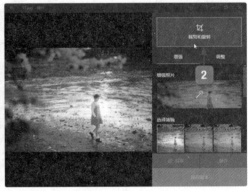

1 打开要裁剪的图片，单击【编辑】按钮或按【Ctrl+E】组合键。

2 进入编辑模式，单击【裁剪和旋转】图标。

③ 将鼠标指针移至定界框的控制点上，单击并拖动鼠标调整定界框的大小。

④ 也可以单击【纵横比】按钮。

⑤ 选择要调整的纵横比，如【4：6】，左侧预览窗口即可显示效果。

⑥ 确定没有问题后，单击【完成】按钮。

⑦ 单击【保存】按钮。

⑧ 返回到图片预览模式，图片裁剪完成。

9.1.4 美化图片

除了基本编辑外，使用"照片"应用，还能增强照片的效果和调整照片的色彩等。

181

① 打开要美化的图片，单击【编辑】按钮或按【Ctrl+E】组合键。

② 选择【增强照片】。

③ 照片即会自动调整，并显示调整后的效果。

④ 可用鼠标拖曳调整增强强度。

⑤ 也可以为照片应用滤镜，单击可查看滤镜效果。

⑥ 选择【调整】选项卡。

⑦ 拖曳鼠标可调整光线、颜色、清晰度及晕影等。

⑧ 调整完成后，单击【保存】按钮即可。

9.2 听音乐

在网络中，音乐也一直是热点之一，只要电脑中安装有合适的播放器，就可以播放从网上下载的音乐文件，如果电脑中没有安装合适的播放器，就可以到专门的音乐网站中去听音乐。

9.2.1 使用 Groove 播放音乐

Windows 10 系统在【开始】屏幕中有 Groove 音乐功能，该功能可以播放音乐及搜索音乐，在用电脑时可以通过该功能播放自己喜欢的音乐。

1. 添加音乐文件到播放器

① 单击【开始】按钮。

② 单击【Groove 音乐】图标。

③ 单击【选择查找音乐的位置】链接。

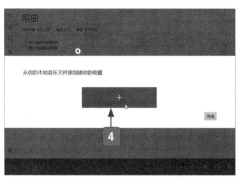

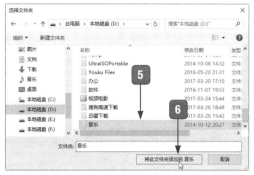

4 单击【添加】按钮。

5 选择添加的音乐文件夹。

6 单击【将此文件夹添加到 音乐】按钮。

7 单击【完成】按钮。

8 返回到【歌曲】界面，即可看到添加的音乐。

9 单击【全部播放】按钮，即可播放所有音乐文件。

在播放器添加音乐文件后，就可以播放音乐，音乐播放界面的控制按钮及其作用如下所示。

1 正在播放的音乐文件名称。

2 播放的进度条。

3 【上一个】按钮。

4 播放 / 暂停按钮。

5 【下一个】按钮。

6 音量控制按钮。

7 【重复播放】按钮。

8 【随机播放】按钮。

183

2. 创建播放列表

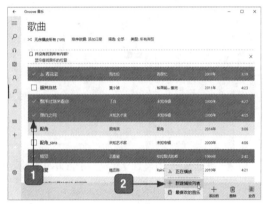

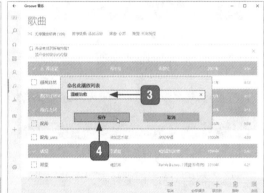

[1] 选中要添加播放列表的歌曲。

[2] 选择【添加到】→【新建播放列表】命令。

[3] 输入播放列表名称。

[4] 单击【保存】按钮。

[5] 提示已添加播放列表后，单击提示框。

[6] 即可进入该播放列表，单击【全部播放】按钮，即可播放音乐。

9.2.2 在线听音乐

除了收听电脑上的音频文件外，这可以直接在线收听网上的音乐。用户可以直接在搜索引擎中查找想听的音乐，也可以使用音乐播放软件在线听歌，如酷我音乐盒、酷狗音乐、QQ音乐、多米音乐等，下面以酷我音乐盒为例，介绍如何在线听歌。

1 下载并安装【酷我音乐】，启动软件即可进入其主界面。

2 在酷我音乐盒界面左侧可选择【推荐】【电台】【MV】【分类】【歌手】【排行】【我的电台】等。这里选择【排行】选项。

3 选择要播放的音乐，单击【播放】按钮。

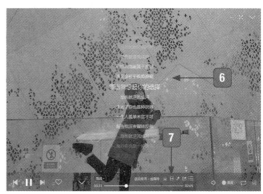

4 即可播放该音乐，并显示进度条。

5 单击【打开歌词】按钮。

6 即可同步显示歌曲的歌词。

7 单击【观看 MV】按钮。

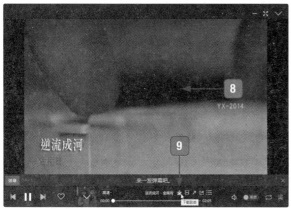

8 即可观看歌曲的 MV 视频。

9 单击【下载歌曲】按钮。

10 选择歌曲的音质。

11 单击【下载到电脑】按钮，即可下载歌曲。

9.3 看电影

随着电脑及网络的普及，越来越多的人开始在电脑上观看电影视频，本节介绍如何在电脑上观看电影。

9.3.1 使用"电影和电视"应用播放电影

Windows 10 系统中新增了全新的电影和电视应用，这个应用可以给用户提供更全面的视频服务。

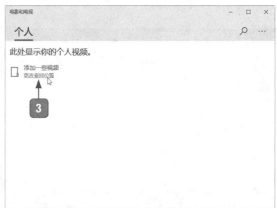

1 单击【开始】按钮。

2 单击【电影和电视】图标。

3 单击【更改查找位置】链接。

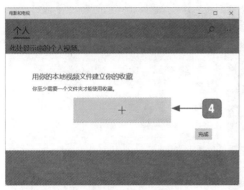

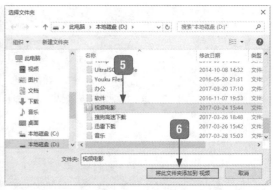

4 单击【添加】按钮。

5 选择要添加的文件夹。

6 单击【将此文件夹添加到 视频】按钮。

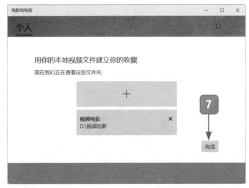 

7 添加完成后，单击【完成】按钮。

8 返回到应用界面，即可看到添加的电影，选择要播放的电影。

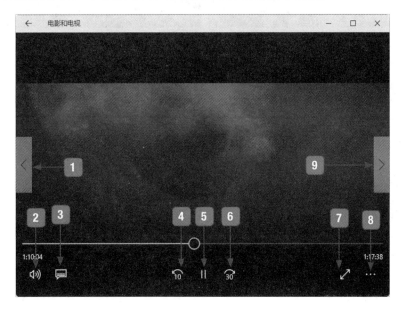

【电影和电视】窗口各按钮的作用如下。

1 单击【上一视频】按钮切换至上一个
视频。

2 单击【音量】按钮，可显示音量控制
器，调整音量大小。

3 单击【显示字幕和音频】按钮，可添
加字幕和音频文件。

4 单击【快退】按钮，可快退 10 秒。

5 单击【播放 / 暂停】按钮，可播放和

暂停电影。

6 单击【快进】按钮，可快进 30 秒。

7 单击【全屏】按钮，可全屏显示。

8 单击【更多选项】按钮，可显示更多
设置项，如自动播放、重复等。

9 单击【下一视频】按钮切换至下一个
视频。

187

9.3.2 在线看电影

在网速允许的情况下，在线看视频、看电影，不需要将其缓存下来，极其方便。一般在线看电影主要可以通过视频客户端和网页浏览器进行观看。使用视频客户端是较为常用的方式，可以随看随播，如常用的有爱奇艺视频、腾讯视频、乐视视频、迅雷影音、优酷视频和土豆视频等。

① 下载并安装迅雷影音，启动软件即可看到右侧的节目列表。

② 在分类栏目下，查找要播放的电影，双击视频名称即可播放。

③ 电影播放界面。

9.4 玩游戏

游戏已经成为大多数年轻人休闲娱乐的方式，目前，游戏非常多，常玩的游戏主要分为棋牌类游戏、休闲类小游戏、在线网络游戏等类型。

9.4.1 Windows 系统自带的扑克游戏

蜘蛛纸牌是 Windows 系统自带的扑克游戏，该游戏的目标是以最少的移动次数移走玩牌区的所有牌。根据难度级别，牌由 1 种、两种或 4 种不同的花色组成。纸牌分十列排列。每列的顶牌正面朝上，其余的牌正面朝下，且叠放在玩牌区的右下角。

蜘蛛纸牌的玩法规则如下。

（1）要想赢得一局，必须按降序从 K 到 A 排列纸牌，将所有纸牌从玩牌区移走。

（2）在中级和高级中，纸牌的花色必须相同。

（3）在按降序成功排列纸牌后，该列纸牌将从玩牌区移走。

（4）在不能移动纸牌时，可以单击玩牌区底部的发牌叠，系统就会开始新一轮发牌。

（5）不限制一次仅移动一张牌。如果一串牌花色相同，并且按顺序排列，则可以像对待一张牌一样移动它们。

1 打开【开始】屏幕，单击【Microsoft Solitaire Collection（微软纸牌集合）】图标。

2 单击【确定】按钮。

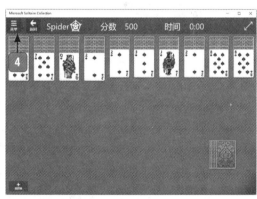

3 进入纸牌游戏窗口，单击【Spider（蜘蛛纸牌）】图标。

4 进入蜘蛛纸牌游戏窗口，单击【菜单】按钮。

提示：

如果用户不知道该如何移动纸牌，可以选择【菜单】→【提示】命令，系统将自动提示用户该如何操作。

⑤ 选择【游戏选项】选项。

⑥ 在打开的【游戏选项】界面中可以对游戏的参数进行设置。

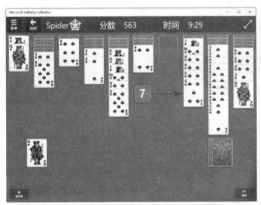

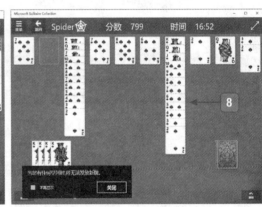

⑦ 按降序从 K 到 A 排列纸牌，直到将所有纸牌从玩牌区移走。

⑧ 根据移牌规则移动纸牌，单击右下角的列牌可以发牌。在发牌前，用户需要确保没有空当，否则不能发牌。

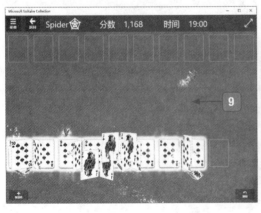

⑨ 所有的牌按照从大到小排列完成后，系统会出现飞舞的效果。

⑩ 弹出【恭喜】页面，在其中显示用户的分数、玩游戏的时间、排名等信息。

⑪ 单击【新游戏】按钮，即可重新开始新的游戏。

⑫ 单击【主页】按钮，即可退出游戏返回到【Microsoft Solitaire Collection（微软纸牌集合）】窗口。

9.4.2 在线玩游戏

斗地主是大多数人都比较喜欢的在线多人网络游戏，其趣味性十足，是游戏休闲最佳的选择，下面就以在QQ游戏大厅中玩斗地主为例，介绍在QQ游戏大厅玩游戏的步骤。

① 在QQ主窗口单击底部的【QQ游戏】图标。

② 初次使用时，无任何游戏，可单击【去游戏库找】按钮。

191

③ 选择游戏分类。

④ 单击【添加游戏】按钮。

⑤ 游戏即可自动下载。

⑥ 下载完成后，会自动安装并进入游戏主界面。

⑦ 选择要进行的游戏模式，如单击【经典模式】按钮。

⑧ 选择经典模式下的玩法，如【经典玩法】。

⑨ 选择经典玩法下的【新手场】。

⑩ 单击【开始游戏】按钮。

⑪ 软件会自动匹配玩家，并发牌给玩家。

⑫ 本局游戏结束后，可再次单击【开始游戏】按钮，开始新的游戏。

痛点解析

痛点：如何将歌曲剪辑成手机铃声

小白：大神，在电脑中听到一首非常好听的音乐，我可以把它做成铃声吗？

大神：当然可以，只需将歌曲传到手机中，设置成铃声即可。

小白：不过音乐的前奏太长，设置成铃声只能听到前奏了，我想把音乐副歌的高潮部分作为铃声，怎么做？

大神：你可以将歌曲进行剪辑，再将其设置为铃声即可，请看下面的操作方法。

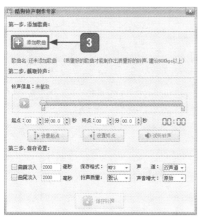

1 启动酷狗音乐软件，单击左侧的【更多】按钮。

2 单击【铃声制作】图标。

3 单击【添加歌曲】按钮。

193

4 选择要剪辑的歌曲文件。

5 单击【打开】按钮，返回到【酷狗铃声制作专家】对话框中。

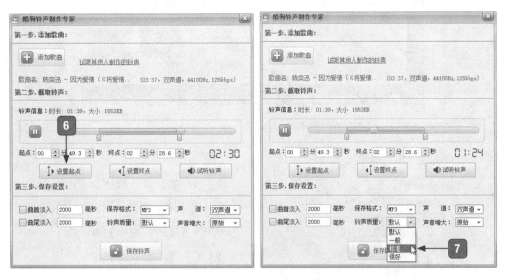

6 单击【设置起点】按钮和【设置终点】按钮，设置铃声的起止时间。

7 单击【铃声质量】右侧的下拉按钮，在弹出的下拉列表中选择铃声的质量。

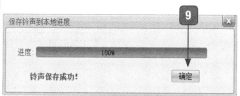

8 单击【保存铃声】按钮，打开【另存为】对话框，在其中输入铃声的名称，并单击【保存】按钮保存铃声。

9 即可保存铃声，提示保存成功后，单击【确定】按钮，将铃声发送到手机中即可。

大神支招

问：在一个陌生的环境，怎么才能让好友快速找到自己或快速找到好友的位置？

现在的智能手机通过将多种位置数据进行结合分析，可以做到很精确的定位，通过软件就可以将位置信息发送给好友，在陌生的环境中，也可以快速找到好友的位置。

1.使用微信共享位置

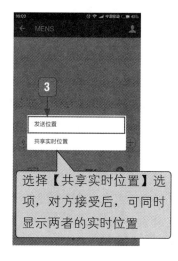

选择【共享实时位置】选项，对方接受后，可同时显示两者的实时位置

1 进入聊天界面，点击【添加】按钮。

2 点击【位置】按钮。

3 选择【发送位置】选项。

195

④选择要发送的位置。

⑤点击【发送】按钮。

⑥即可将位置发送给好友，打开链接即可查看详细位置。

2. 使用 QQ 发送位置信息

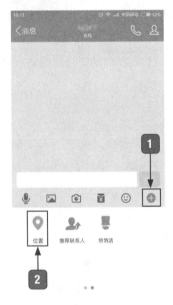  

①进入聊天界面点击【添加】按钮。

②点击【位置】按钮。

③选择要发送的位置。

④点击【发送】按钮。

⑤即可将位置发送给好友，打开链接即可查看详细位置。

第 10 章 网上交流与收发邮件

>>> 如何和各在一方的好友聊天？

>>> 给领导汇报工作，发个邮件不知道如何操作。

>>> 换了新手机，如何将旧手机中微信的聊天记录"搬"进来？

本章就来告诉你如何使用网络聊天和怎样收发邮件！

10.1 使用 QQ 聊天

腾讯 QQ 是一款即时聊天软件，支持显示朋友在线信息、即时传送信息、即时交谈、即时传输文件。另外，QQ 还具有发送离线文件、共享文件、QQ 邮箱、游戏等功能。

10.1.1 申请 QQ 号

要想使用 QQ 软件进行聊天，首先需要做的是安装并申请 QQ 账号，其中安装 QQ 软件与安装其他普通的软件一样，按照安装程序的提示一步一步地安装即可，这里不再赘述，下面具体介绍申请 QQ 账号的操作步骤。

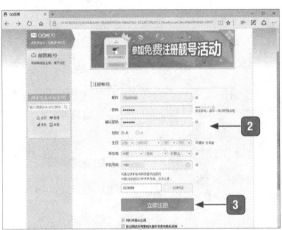

1. 下载并安装 QQ，安装完成后，双击桌面上的 QQ 快捷图标，打开 QQ 登录界面，单击【注册账号】超链接。

2. 填写账号基本资料，如昵称、密码、性别、手机号码及手机验证码等。

3. 单击【立即注册】按钮。

4. 申请成功后，即可得到一个 QQ 号码。

10.1.2 登录 QQ 号

申请完 QQ 账号后，用户即可登录自己的 QQ。

提示：

　　选中【记住密码】复选框，在下次登录的时候就不需要再输入密码，不过不建议在陌生人的电脑中选中该项。选中【自动登录】复选框，在下次启动 QQ 软件时，会自动登录这个 QQ 账号。

1 打开 QQ 登录界面，输入
　 QQ 账号和设置的密码。

2 单击【安全登录】按钮。

3 验证成功后，即可进入 QQ
　 主界面。

10.1.3 查找并添加 QQ 好友

添加 QQ 好友后才可以进行聊天，添加 QQ 好友的操作步骤如下。

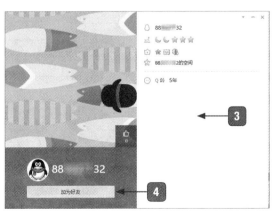

1 在搜索框中输入要查找的 QQ 号码。

2 在搜索结果中，单击【查看资料】按钮。

3 即可查看 QQ 资料。

4 单击【加为好友】按钮。

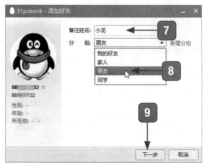

5 输入验证信息，以便对方知道你的信息。

6 单击【下一步】按钮。

7 在【备注姓名】文本框中输入名称。

8 选择要添加好友的分组。

9 单击【下一步】按钮。

10 单击【完成】按钮。

11 通过验证后，即会弹出聊天对话框，且好友被添加到选定的分组中。

如果要查找更精确的好友，可以使用下面的方法。

1 单击 QQ 主界面底部的【加好友】按钮。

2 即可打开【查找】对话框，可以查找更多好友。

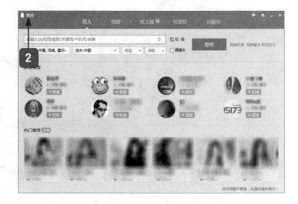

10.1.4 与 QQ 好友聊天

收发信息是 QQ 最常用和最重要的功能，实现信息收发的前提是用户拥有一个自己的 QQ 号和至少一个发送对象（即 QQ 好友）。

1. 发送文字

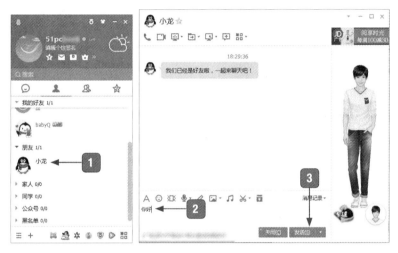

1 双击要聊天的好友头像。

2 即可打开聊天窗口，输入发送的文字信息。

3 单击【发送】按钮，即可发送信息。

2. 发送表情

1 单击【选择表情】按钮。

2 在弹出的表情库中，选择要发送的表情。

3 表情即会被添加到信息输入框中。

4 单击【发送】按钮，即可发送表情。

3. 查看消息

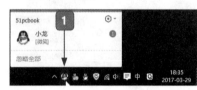
1. 如果收到 QQ 消息，通知栏中的 QQ 头像就会闪烁，单击图标。
2. 即可打开 QQ 聊天窗口，查看收到的信息。

10.1.5 语音和视频聊天

QQ 软件不仅可以使用户通过手动输入文字和图像的方式与好友进行交流，还可以通过语音与视频进行沟通。

1. 语音聊天

1. 单击聊天窗口中的【发起语音聊天】按钮。

2. 窗口右侧即显示语音邀请状态。

3. 对方接受语言聊天后，则显示"正在语音聊天"字样，双方可通过麦克风进行交流，单击【挂断】按钮，可结束通话。

2. 视频聊天

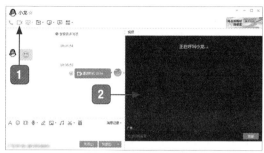 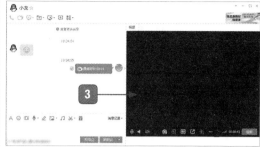

1️⃣ 单击聊天窗口中的【发起视频通话】按钮。

2️⃣ 窗口右侧即显示视频呼叫状态。

3️⃣ 双方建立起连接后，即可进行视频通话。

10.2 玩转微信

微信是一种移动通信聊天软件，目前主要应用在智能手机上，支持发送语音短信、视频、图片和文字，可以进行群聊。

10.2.1 使用电脑版微信

微信除了手机客户端版外，还有电脑系统版微信，使用电脑系统版微信可以在电脑上进行聊天。

1️⃣ 打开微信网站 http://weixin.qq.com/。

2️⃣ 单击【立即下载】按钮。

3️⃣ 下载并安装微信，启动微信，弹出含有二维码的对话框。

4 点击手机微信主界面的【发现】图标，选择【扫一扫】选项，将手机摄像头对准电脑
上的二维码，开始扫描。

5 弹出【微信】页面，提示用户在手机上确认登录。

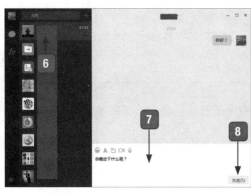
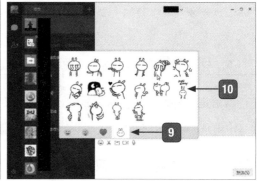

6 打开微信的即时聊天对话框，选择要
聊天的好友。

7 在文本框中输入要聊天的信息。

8 单击【发送】按钮。

9 单击【表情】按钮，打开表情面板。

10 选择要发送的表情，单击【发送】按
钮即可。

10.2.2 使用网页版微信

如果不希望安装微信客户端，可以使用网页版，在网页中直接发送和接收微信信息。

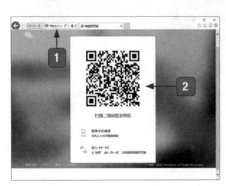
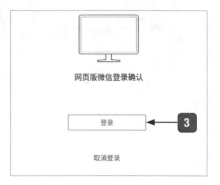

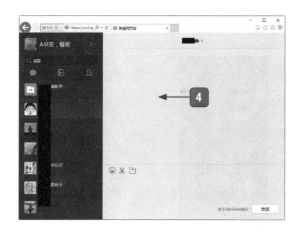

1. 打开浏览器，在地址栏中输入微信网页版网址"wx.qq.com"，按【Enter】键进入该页面。

2. 打开手机版微信，使用"扫一扫"功能，扫描网页上的二维码。

3. 扫描识别后，微信会弹出"网页版微信登录确认"字样，单击【登录】按钮。

4. 登录网页版微信后，即可与通讯录中的好友聊天了。

10.2.3 微信视频聊天

微信与QQ一样，除了可以进行文字信息聊天外，还可以进行视频与语音聊天，具体的操作步骤如下。

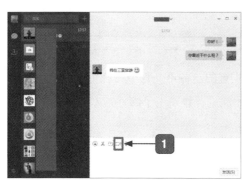
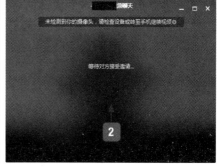

1. 在聊天窗口中单击【视频聊天】按钮。

2. 随即弹出一个与好友聊天的视频请求窗格。

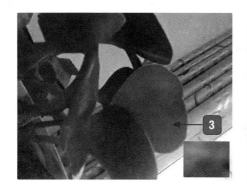
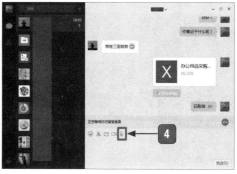

③ 对方确认接受视频聊天的请求后，会在视频聊天的窗格中显示视频内容。

④ 如果想要与对方进行语音聊天，则可以单击即时通信窗口中的【语音聊天】按钮，发送与对方进行语音聊天的请求。

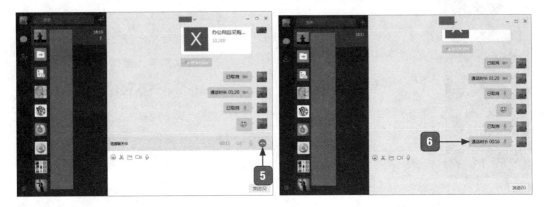

⑤ 接受请求后，显示"语音聊天中"的信息提示框，如果想要中断语音聊天，则可以单击【挂断】按钮。

⑥ 关闭语音聊天，聊天窗格中显示通话的时长。

10.3 收发邮件

收发电子邮件都是通过固定的电子邮箱实现的，并不是每个人都可以随意地使用电子邮箱，只有申请了电子邮箱账号才能进行收发电子邮件，本节以在163网易邮箱中收发电子邮件为例进行介绍。

10.3.1 写邮件

发送邮件首先要在邮箱中拟好邮件，确定没问题后，再进行发送。

1 打开 163 邮箱官网 "http://mail.163. com"，按【Enter】键进入登录页面。

2 输入邮箱的账号和密码。

3 单击【登录】按钮。

4 进入电子邮箱界面后，单击【写信】按钮。

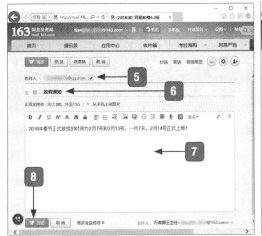

5 进入编辑窗口，输入收件人的邮箱地址。

6 输入电子邮件的主题，相当于邮件名称。

7 在文本框中输入邮件的内容。

8 单击【发送】按钮，发送邮件。

9 提示【发送成功】后，则表示已成功发送。

10.3.2 收邮件

登录到自己的电子邮箱之后，可以随时查看电子邮箱中的邮件。

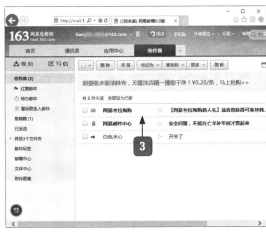

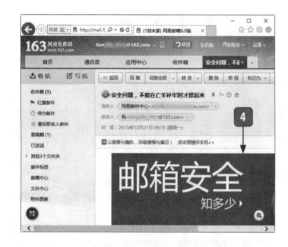

1 登录邮箱，如果有新的电子邮件，则会在邮箱首页中显示"未读邮件"的提示信息。

2 选择【收件箱】选项。

3 双击未读的邮件。

4 在打开的页面中阅读邮件内容。

10.3.3 回复邮件

当收到对方的邮件后，用户需要及时回复邮件。

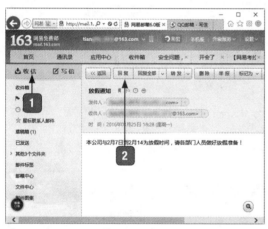

1 登录电子邮件，单击左侧的【收信】按钮，然后在【收件箱】中单击接收到的电子邮件的【主题】超链接，打开一封邮件。

2 单击【回复】按钮。

3 在编辑区输入要回复的内容。

4 单击【发送】按钮即可完成回复。

10.3.4 转发邮件

当收到一封邮件后，如果需要将该邮件发送给其他人，则可以利用邮箱的转发功能进行转发。

1 打开一封需要转发的邮件，单击【转发】按钮。

2 在【收件人】文本框中输入要转发的邮件地址。

3 单击【发送】按钮，即可完成转发。

痛点解析

痛点1：换了电脑，如何迁移QQ聊天记录

小白：换了新电脑，是否能将旧电脑中的QQ聊天记录迁移到新电脑中呢？

大神：当然可以，你可以将旧电脑中QQ的聊天记录进行备份，然后将备份文件复制到新电脑中，进行恢复即可。

小白：听起来好麻烦啊，有没有更简单的方法？

大神：操作起来不麻烦，很简单的。当然，你可以使用数据漫游的形式，不管在任何电脑、手机中都可以查询最近的聊天信息，不过非 QQ 会员，只能漫游最近 7 天的记录。

1. 迁移 QQ 中的数据

1 单击 ▤ 按钮。

2 在弹出的列表中，选择【消息管理器】选项。

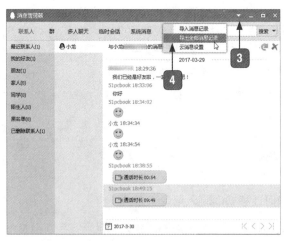

3 弹出【消息管理器】对话框，单击【工具】按钮。

4 选择【导出全部消息记录】选项。

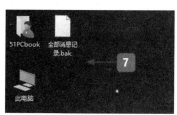

5 选择信息文件要保存的位置。

6 单击【保存】按钮。

7 在保存的路径下，即可看到以".bak"为后缀的备份文件，将其使用U盘、QQ等方式，发送到新电脑中。

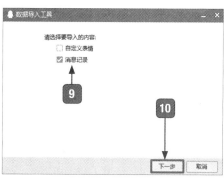

8 在新电脑中，登录该QQ，并打开【消息管理器】窗口，选择【工具】→【导入消息记录】选项。

9 选中【消息记录】复选框。

10 单击【下一步】按钮。

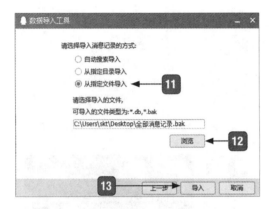

⑪ 选中【从指定文件导入】单选按钮。

⑫ 单击【浏览】按钮，选择保存路径下的备份文件。

⑬ 单击【导入】按钮。

⑭ 提示"导入成功"后，单击【完成】按钮即可完成数据迁移。

2. 开启数据漫游

① 登录QQ，打开【消息管理器】窗口，选择【工具】→【云消息设置】选项。

② 选中【聊天记录漫游】复选框。

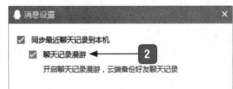

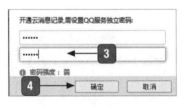

③ 弹出该对话框，输入 QQ 服务独立密码。

④ 单击【确定】按钮。

⑤ 选中【漫游最近 7 天】单选按钮。

⑥ 单击【关闭】按钮，关闭当前对话框，

在任何设备中登录QQ，都会同步最近 7 天的聊天记录，无须导出或导入数据。

痛点 2：微信聊天记录的迁移

如果换了手机，微信也可以迁移聊天记录到新手机中，方便自己查看聊天内容。

1 打开手机端微信，点击底部的【我】
图标。

2 选择【设置】选项。

3 选择【聊天】选项。

4 选择【聊天记录迁移】选项。

5 点击【选择聊天记录】按钮。

6 点击【确定】按钮。

7 选中要迁移聊天记录好友后面的复选框。

8 点击【完成】按钮。

9 在另一部手机中登录微信号，扫描生成的二维码进行迁移即可。

　　如果是要备份聊天记录，供手机恢复出厂设置后进行恢复，需要在电脑中下载微信客户端，并登录微信账号，进行备份。

1 单击【设置】按钮。

2 选择【聊天备份】选项。

3 单击【备份】按钮，根据提示备份即可。

大神支招

问：需要和在外地的多个同事开个会议，一个个打电话，耗时又费力，怎样可以节省时间？

使用 QQ 软件自带的讨论组的视频电话功能即可解决，视频会议相较传统会议来说，不仅免去了出差费用和旅途劳顿，在数据交流和保密性方面视频会议也有很大的提高，只要有电脑和电话就可以随时随地召开多人视频会议。

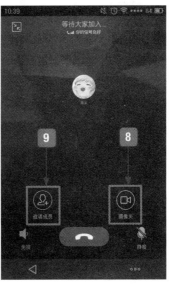

1 在 QQ 主界面单击【选项】按钮。

2 选择【创建讨论组】选项。

3 选择要创建讨论组的对象。

4 点击【创建】按钮。

5 完成讨论组创建。

6 点击【添加】按钮。

7 点击【视频电话】按钮。

8 所有成员加入后，点击【摄像头】按钮，即可开始视频会议。

9 点击【邀请成员】按钮，可继续添加新成员。

第十一章

电脑系统的优化与安全维护

>>> 电脑中病毒，手足无措？

>>> 系统盘空间越用越小，如何清理系统盘空间中的无用数据？

>>> 喝了杯茶，电脑还未开机，无用的启动项又来作怪？

本章就来告诉你如何对电脑系统进行优化和安全维护！

11.1 系统修复与病毒防护

当前，电脑病毒十分猖獗，而且更具有破坏性、潜伏性。电脑染上病毒，不但会影响电脑的正常运行，使机器速度变慢，严重时还会造成整个电脑的彻底崩溃。因此，在使用电脑时，要注意对电脑进行防护。

11.1.1 修复电脑系统

电脑系统的正常与否，影响着电脑的使用，当操作系统出现问题，如缺少驱动程序、存在系统漏洞等，就应及时处理，以确保电脑的正常运行。

1 启动【360安全卫士】，单击【系统修复】图标。

2 单击【全面修复】按钮。

3 软件即会对系统进行扫描。

4 扫描完成后，选中要修复的项目。

5 单击【一键修复】按钮。

⑥ 软件即会对电脑进行修复处理。

⑦ 修复完成后，单击【完成修复】按钮即可。

11.1.2 病毒的查杀与防护

电脑感染病毒是很常见的，但是当遇到电脑故障时，很多用户不知道电脑是否感染了病毒，即便知道了是病毒故障，也不知道该如何查杀病毒。

① 启动【360 安全卫士】，单击【木马查杀】图标。

② 单击【快速查杀】按钮。

③ 软件即会对电脑进行扫描。

④ 扫描出危险项，即会弹出【一键处理】按钮，单击该按钮。

⑤ 提示处理成功，单击【好的，立即重启】按钮，重启电脑完成处理；也可以单击【稍后我自行重启】按钮，自行重启电脑。

11.2 硬盘的优化

磁盘用得久了，总会产生这样或那样的问题，要想让磁盘高效工作，就要注意平时对磁盘的管理。

11.2.1 系统盘瘦身

在没有安装专业的清理垃圾软件前，用户可以手动清理磁盘垃圾文件，为系统盘瘦身。

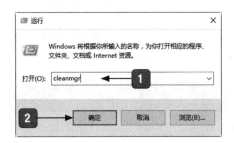

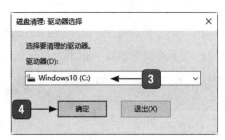

❶ 按【Windows+R】组合键，打开【运行】对话框，在文本框中输入"cleanmgr"命令。

❷ 单击【确定】按钮。

❸ 单击【驱动器】下拉按钮，在弹出的下拉列表中选择系统盘的分区。

❹ 单击【确定】按钮。

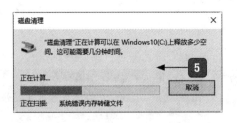

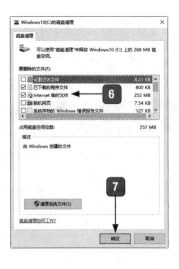

❺ 电脑开始自动计算清理磁盘垃圾。

❻ 选择要删除的文件。

❼ 单击【确定】按钮，即可进行删除。

8 系统开始自动清理磁盘中的垃圾
文件，并显示清理的进度。

如果觉得上述方法操作较为麻烦，可以使用【360 安全卫士】中的【系统盘瘦身】工具，解决系统盘空间不足的问题。

1 启动【360 安全卫士】，单击【功
能大全】图标。

2 选择【系统工具】选项卡。

3 单击【系统盘瘦身】图标，添加
该工具。

4 软件即会给出能够释放的空间，
单击【立即瘦身】按钮。

5 由于部分文件需要重启电脑后才
能生效，单击【立即重启】按钮，
重启电脑。

11.2.2　磁盘的优化

随着时间的推移，用户在保存、更改或删除文件时，卷上会产生碎片。通过磁盘优化，可以有效地提高磁盘的使用性能。

221

1 单击【开始】按钮。

2 选择【所有应用】→【Windows 管理工具】→【碎片整理和优化 驱动器】选项。

3 选择要优化的磁盘。

4 单击【优化】按钮。

5 优化完成后，当前状态则显示为 【正常】。

11.2.3 查找电脑中的大文件

使用【360安全卫士】的【查找大文件】工具可以查找电脑中的大文件，将占用空间的大文件从电脑中删除。

222

1️⃣ 启动【360 安全卫士】，单击【功能大全】图标。

2️⃣ 选择【系统工具】选项卡。

3️⃣ 单击【查找大文件】图标，添加该工具。

4️⃣ 选中要扫描的磁盘。

5️⃣ 单击【扫描大文件】按钮。

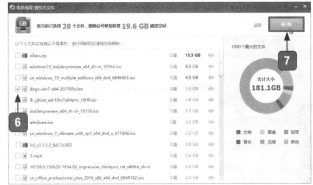

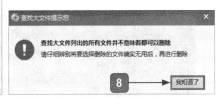

6️⃣ 软件会自动扫描磁盘中的大文件，在扫描列表中，选中要清除的大文件。

7️⃣ 单击【删除】按钮。

8️⃣ 单击【我知道了】按钮。

9️⃣ 确定清除的文件没问题，单击【立即删除】按钮。

🔟 提示清理完毕后，单击【关闭】按钮即可。

11.3 系统优化

　　电脑使用一段时间后，会产生一些垃圾文件，包括被强制安装的插件、上网缓存文件、系统临时文件等，这就需要通过各种方法来对系统进行优化处理了。

11.3.1 禁用开机启动项

在电脑启动的过程中，自动运行的程序称为开机启动项，开机启动程序会占用大量的内存空间，并减慢系统启动速度，因此，要想加快开关机速度，就必须禁用一部分开机启动项。

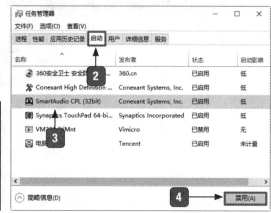

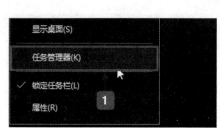

1 右击任务栏，在弹出的快捷菜单中选择【任务管理器】命令。

2 选择【启动】选项卡，即可看到系统

中的启动项列表。

3 选择要开机禁用的项目。

4 单击【禁用】按钮即可禁用。

另外，也可以使用 360 安全卫士、QQ 电脑管家管理开机程序。

1 启动 360 安全卫士，单击【优化加速】图标。

2 单击【启动项】按钮。

3 默认选择【启动项】选项卡，显示了

当前启动项的详细列表。

4 单击【禁止启动】按钮，即可禁止该项目。

11.3.2 清理系统垃圾

电脑长时间使用后,会产生很多系统垃圾,影响电脑的正常运行,要定期对电脑进行清理。

① 启动【360安全卫士】,单击【电脑清理】图标。

② 单击【全面清理】按钮。

③ 软件即会扫描电脑中的垃圾文件。

④ 扫描完毕,即会显示有垃圾文件的软件垃圾、系统垃圾等,选中要清理的垃圾文件。

⑤ 单击【一键清理】按钮。

⑥ 清理完成后,单击【完成】按钮即可。

痛点解析

痛点:如何防止桌面文件意外丢失

小白:为什么每次重装系统,我电脑桌面上的文件资料总是不翼而飞了呢?

大神:那是因为 Windows 桌面文件默认在系统盘中,重装系统时将系统盘格式化了,所以就

丢失了。

小白：那有什么办法呢？

大神：可以修改桌面文件的存储位置，这样不仅可以节省系统盘空间，而且可以防止桌面文件因为系统问题丢失。

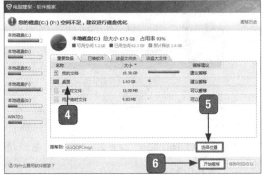

1️⃣ 启动电脑管家，单击底部的【工具箱】图标。

2️⃣ 选择【系统】选项。

3️⃣ 单击【软件搬家】图标，添加软件搬家工具。

4️⃣ 选择【本地磁盘 (C:)】→【重要数据】→【桌面】选项。

5️⃣ 单击【选择位置】按钮，选择要更改的存储位置。

6️⃣ 单击【开始搬移】按钮。

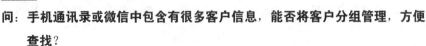

7️⃣ 软件即会对桌面文件进行搬移。

8️⃣ 搬移成功后，单击【确定】按钮即可。此后，桌面上所有放置的文件都会在新路径下。

🎓 大神支招

问：**手机通讯录或微信中包含有很多客户信息，能否将客户分组管理，方便查找**？

　　使用手机办公，必不可少的就是与客户的联系，如果通讯录中客户信息太多，可以通过分组的形式管理，这样不仅易于管理，还能够根据分组快速找到合适的人脉资源。

1. 在通讯录中将朋友分类

1 打开通讯录界面，选择【我的群组】 3 输入群组名称。
选项。

4 点击【确定】按钮。

2 点击【新建群组】按钮。

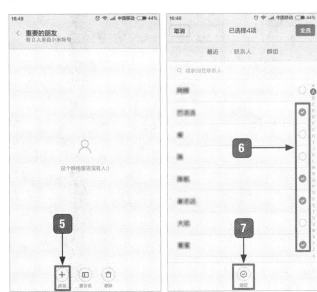
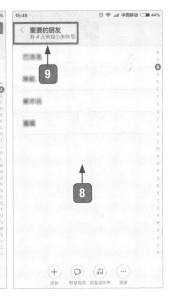

5 点击【添加】按钮。 8 完成分组。

6 选择要添加的名单。 9 点击【返回】按钮，重复上面的步骤，

7 点击【确定】按钮。 继续创建其他分组。

2. 微信分组

1 打开微信，点击【通讯录】图标。

2 选择【标签】选项。

3 点击【新建标签】按钮。

4 选择要添加至该组的朋友。

5 点击【确定】按钮。

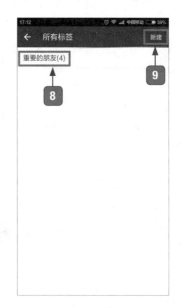

6 输入标签名称。

7 点击【保存】按钮。

8 完成分组创建。

9 点击【新建】按钮即可创建其他分组标签。

第12章

电脑系统的备份与还原

>>> 电脑系统不会备份，如何才能不求人？

>>> 不是所有情况都得重装系统，原来恢复初始化也可以。

>>> 对于新手，重新安装系统是个难题，如何四步轻松搞定？

本章就来告诉你如何应对电脑系统的备份与还原的问题！

12.1 使用 Windows 系统工具备份与还原系统

　　Windows 10 操作系统中自带了备份工具，支持对系统的备份与还原，在系统出问题时可以使用创建的还原点将系统恢复到还原点状态。

12.1.1 备份系统

　　Windows 操作系统自带的备份还原功能非常强大，支持 4 种备份还原工具，分别是文件备份还原、系统映像备份还原、早期版本备份还原和系统还原，为用户提供了高速度、高压缩的一键备份还原功能。

1. 开启系统还原功能

　　具体的操作步骤如下。

1 右击【此电脑】图标，在弹出的快捷菜单中选择【属性】命令。

2 单击【系统保护】超链接。

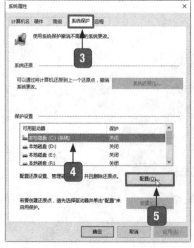

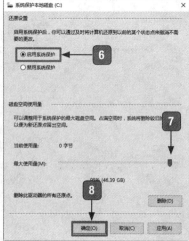

③ 选择【系统保护】选项卡。

④ 在【保护设置】列表框中选择系统所在的分区。

⑤ 单击【配置】按钮。

⑥ 选中【启用系统保护】单选按钮。

⑦ 调整【最大使用量】滑块到合适的位置。

⑧ 单击【确定】按钮，即可开启系统还原功能。

2. 创建系统还原点

用户开启系统还原功能后，默认打开保护系统文件和设置的相关信息，保护系统。用户也可以创建系统还原点，当系统出现问题时，就可以方便地将系统恢复到创建还原点时的状态。

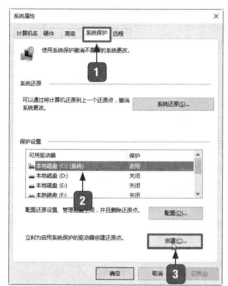

① 打开【系统属性】对话框，选择【系统保护】选项卡。

② 选择系统所在的分区。

③ 单击【创建】按钮。

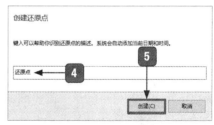

④ 输入还原点的描述性信息。

⑤ 单击【创建】按钮。

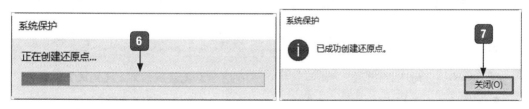

⑥ 开始创建系统还原点，并显示进度。

⑦ 创建完成后，单击【关闭】按钮即可。

231

12.1.2 还原系统

在为系统创建好还原点之后，一旦系统遭到病毒或木马的攻击，致使系统不能正常运行，就可以将系统恢复到指定还原点。

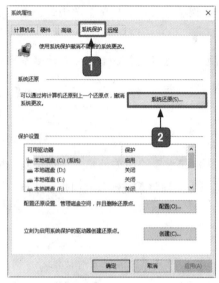

[1] 打开【系统属性】对话框，选择【系统保护】选项卡。

[2] 单击【系统还原】按钮。

[3] 打开【系统还原】对话框，单击【下一步】按钮。

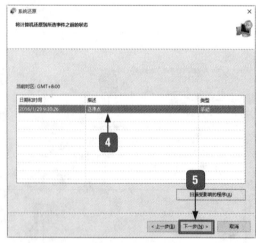

[4] 选择要恢复的还原点。

[6] 确认无误后，单击【完成】按钮。

[5] 单击【下一步】按钮。

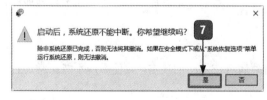
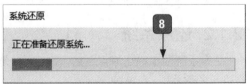

正在配置更新
已完成 15%
请不要关闭你的计算机

7 弹出提示框，单击【是】按钮。

8 即会显示正在准备还原系统，当进度条结束后，电脑自动重启。

9 进入配置更新界面，无须任何操作，电脑会自动还原系统。

12.2 使用一键 GHOST 备份与还原系统

与 Windows 的备份功能相比，一键 GHOST 有着操作简单的优势，是备份与还原系统的首选。

12.2.1 一键 GHOST 备份系统

使用一键 GHOST 备份系统的操作步骤如下。

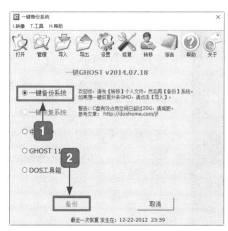

1 下载并安装一键 GHOST 后，启动软件，在其界面中选中【一键备份系统】单选按钮。

2 单击【备份】按钮。

3 弹出【一键 GHOST】提示框，单击【确定】按钮。

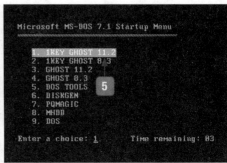

4 系统开始重新启动，并自动打开 GRUB4DOS 菜单，在其中选择第一个选项。

5 弹出 MS-DOS 一级菜单界面，在其中选择第一个选项，表示在 DOS 安全模式下运行 GHOST 11.2。

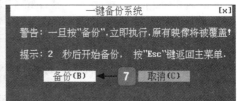

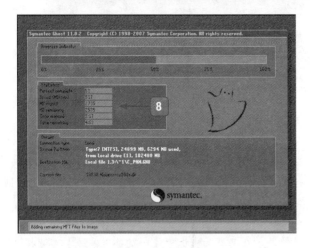

6 弹出 MS-DOS 二级菜单界面，在其中选择第一个选项，表示支持 IDE、SATA 兼容模式。

7 单击【备份】按钮。

8 此时，GHOST 开始备份系统。

12.2.2 一键 GHOST 还原系统

使用一键 GHOST 还原系统的操作步骤如下。

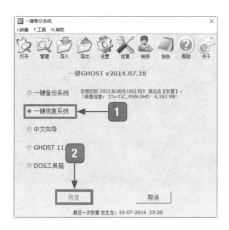

① 选中【一键恢复系统】单选按钮。

② 单击【恢复】按钮。

③ 弹出【一键GHOST】提示框，单击【确定】按钮。

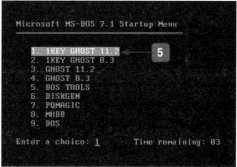

④ 打开 GRUB4DOS 菜单，在其中选择第一个选项。

⑤ 弹出 MS-DOS 一级菜单界面，在其中选择第一个选项。

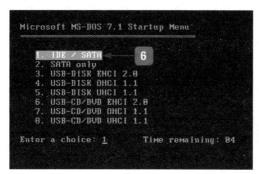

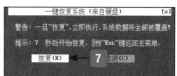

⑥ 弹出 MS-DOS 二级菜单界面，在其中选择第一个选项。

⑦ 单击【恢复】按钮。

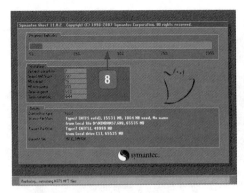 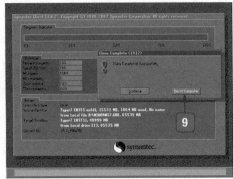

8 此时，电脑即可开始恢复系统。

9 在系统还原完毕后，将打开一个信息提示框，提示用户恢复成功，单击【Reset Computer】按钮重启电脑，然后选择从硬盘启动，即可恢复到以前的系统。

12.3 重置电脑系统

重置电脑可以在电脑出现问题时方便地将系统恢复到初始状态，而不需要重装系统。

1. 在可开机状态下重置电脑

在可以正常开机并进入 Windows 10 操作系统后，重置电脑的具体操作步骤如下。

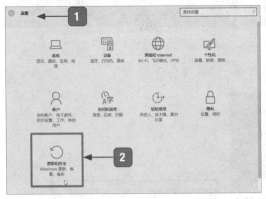 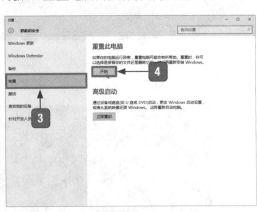

1 按【Windows+I】组合键，打开【设置】面板。

2 单击【更新和安全】图标。

3 选择【恢复】选项。

4 单击【开始】按钮。

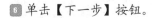

5 选择【保留我的文件】选项。

6 单击【下一步】按钮。

7 单击【下一步】按钮。

8 单击【重置】按钮。

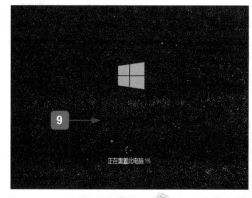

9 电脑重新启动，开始进行重置。

10 重置完成后会进入 Windows 安装界面。

11 安装完成后自动进入 Windows 10 桌面及显示恢复电脑时删除的应用列表。

2. 在不可开机的情况下重置电脑

如果 Windows 10 操作系统出现错误，开机后无法进入系统，此时可以在不开机的情况下重置电脑，具体操作步骤如下。

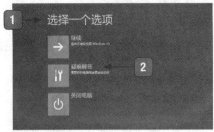 

① 当系统启动失败两次后，第三次启动即会进入【选择一个选项】界面。

② 选择【疑难解答】选项。

③ 选择【重置此电脑】选项，其后的操作与在可开机状态下重置电脑的操作相同，这里不再赘述。

12.4 重新安装系统

当遇到系统无法启动、运行缓慢、频繁出错等问题时，可以通过重装系统解决，可以简单理解为使用操作系统安装包在电脑上重新安装一次，确保系统可以正常运行。本节介绍如何重装操作系统。

> **提示：**
> 如果不能正常进入系统，可以使用 U 盘、DVD 等重装系统，具体操作可参照第 1.3 节。

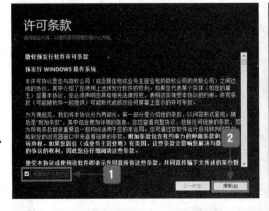 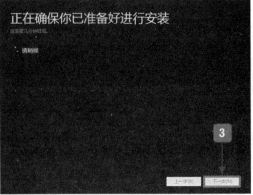

① 直接运行目录中的 setup.exe 文件，在许可条款界面选中【我接受许可条款】复选框。

② 单击【接受】按钮。

③ 检查安装环境界面，检测完成，单击【下一步】按钮。

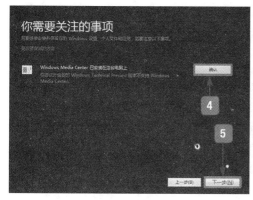

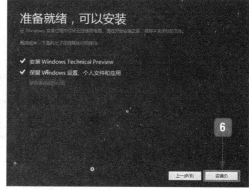

④ 在显示结果界面即可看到注意事项，单击【确认】按钮。

⑤ 单击【下一步】按钮。

⑥ 单击【安装】按钮。

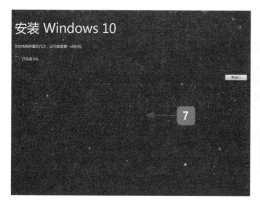

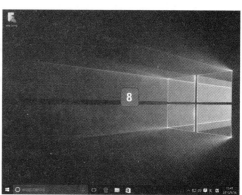

⑦ 开始重装 Windows 10 操作系统，显示【安装 Windows 10】界面。

⑧ 电脑重启几次后，即可进入 Windows 10 界面，表示完成重装。

痛点解析

痛点：如何制作 U 盘系统启动盘

小白：大神，现在的电脑上都没有光驱，如何安装系统呢？

大神：那你可以使用 U 盘安装操作系统。

小白：U 盘？

大神：是的，一般的 U 盘就可以制作系统启动盘，比 DVD 安装盘制作更简单，使用更方便，

平时当 U 盘使用，需要时就是修复盘。

小白：真的吗？那如何制作呢？

大神：首先准备一个 8GB 的 U 盘，可以借助"U 启动"工具制作。把准备好的 U 盘插在电脑 USB 接口上，下载并安装"U 启动"启动盘制作工具，就可以按照下面的方法操作了。

① 选择【默认模式（隐藏启动）】选项卡。

② 在【请选择】下拉列表中选择需要制作启动盘的 U 盘。

③ 单击【一键制作启动 U 盘】按钮。

④ 确保 U 盘数据已备份，单击【确定】按钮。

 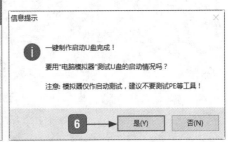

⑤ 开始写入启动的相关数据，并显示写入的进度。

⑥ 制作完成后，如果需要在模拟器中测试，可以单击【是】按钮。

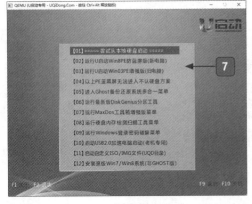 

[7] 弹出"U 启动"软件的系统安装的模拟器，用户可以模拟操作一遍，从而验证 U 盘启动盘是否制作成功。

[8] 在电脑中打开 U 盘启动盘，可以看到其中有【GHO】和【ISO】两个文件夹，如果安装的系统文件为 GHO 文件，则将其放入【GHO】文件夹中；如果安装的系统文件为 ISO 文件，则将其放入【ISO】文件夹中。至此，U 盘启动盘制作完毕。

 大神支招

问：遇到重要的纸质资料时，如何才能快速地将重要资料电子化至手机中使用？

纸质资料电子化就是通过拍照、扫描、录入或 OCR 识别的方式将纸质资料转换成图片或文字等电子资料进行存储的过程。这样更有利于携带和查询。在没有专业的工具时，可以使用一些 APP 将纸质资料电子化，如"印象笔记"APP。可以使用其扫描摄像头对文档进行拍照并进行专业的处理，处理后的拍照效果更加清晰。

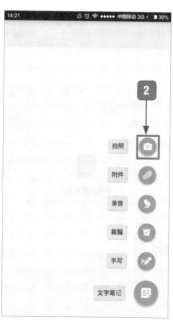

[1] 点击【新建】按钮。

[2] 点击【拍照】按钮。

[3] 对准要拍照的资料。

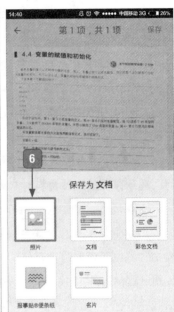

4️⃣ "印象笔记"会自动分析并拍照，完成电子化操作。

5️⃣ 单击下拉按钮。

6️⃣ 选择【照片】类型。

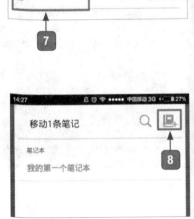
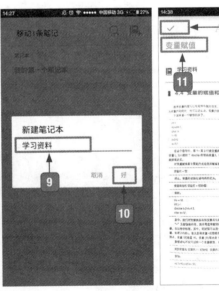

7️⃣ 选择笔记本。

8️⃣ 点击【新建笔记本】按钮。

9️⃣ 输入笔记本名称。

🔟 点击【好】按钮。

1️⃣1️⃣ 输入笔记标签名称。

1️⃣2️⃣ 点击【确认】按钮，完成保存操作。